Pythonでつくる対話システム

東中 竜一郎
稲葉 通将 （共著）
水上 雅博

はじめに

本書は，対話システムを作りたいけれど，どのようにすればよいかわからない方に向けた本です．

本書は，ある程度のPythonの知識を前提としています．具体的にはif文やfor文などの基礎的な制御構文，リスト型や辞書型などのデータ構造およびクラスとメソッドに関する知識があれば，本書によって自分のアイデアを載せた対話システムを公開できるようになるでしょう．たとえば，自分で作った対話システムをスマートフォンのアプリとして使ってもらったり，Amazon AlexaやGoogle Homeの上で動かして，自身の生活に役立てたりといったことができるようになります．

人間と会話をするコンピュータである対話システムは，人工知能研究の究極のゴールの一つです．しかし，近年の人工知能分野の発展により，もはやサイエンスフィクションではなくなりました．自分で対話システムを作ることのできる時代です．

これまでに対話システムの教科書的な書籍はいくつかありましたが，実際にどうやって作ればよいのかを具体的に説明した本はありませんでした．「対話システムがどういうものかは大体わかった！　けど具体的にどうすればいいの？」と悩んでいる方も多いのではないでしょうか．筆者らが本書を執筆しようと思った理由はここにあります．「誰でも対話システムを作れるようにしたい！」と思って本書を執筆しました．筆者らはこれまでに研究やビジネスにおいて，さまざまな対話システムを作ってきました．本書には，その際に得られた「こうすればよい」といった知見がふんだんに盛り込まれています．

本書では，対話システムを作りながら動作原理を学ぶことをテーマにしています．そのため，ただ単に作るだけで終わるのではなく，どうしてそのように作るのかという原理も併せて説明するよう心掛けました．これにより，読者のみなさんが自身の手でさらなる応用を行うことができるようになると考えています．この目的のため，深層学習を用いたものを含む，最新の対話研究の成果を多く説明するようにし，カスタマイズしやすいコードを多く掲載しました．

本書の構成は以下のようになっています．

1章　対話システムを作るにあたって
2章　タスク指向型対話システム
3章　非タスク指向型対話システム
4章　Amazon Alexa/Google Homeへの実装
5章　発展的な話題
付録　クラウドソーシングを用いたデータ収集

1章では対話システムの基礎知識を学びます．対話システムの歴史や人工知能ブームとの関係などを説明します．対話システムを作るにあたって最低限おさえておいた方がよい知識です．また，本書を通して用いるツールのインストールの仕方についても説明します．対象のOSとしては，Windows 10もしくはmacOSを想定しています．

2章と3章では，対話システムの重要な分類である，タスク指向型対話システム（会話による情報アクセスや，予約や検索を行うシステム）と非タスク指向型対話システム（雑談のようなおしゃべりを行うシステム）について，順番に学びながら対話システムを作っていきます．これらの章では，スマートフォン上で対話ができるシステムを作ります．

4章では，2章と3章で作った対話システムをAmazon Alexa/Google Home上で対話ができるようにします．なお，2〜4章では，一定の設計指針に従って対話システムを作ります．そうすることで，基本的に同じコードで，スマートフォン上とAmazon Alexa/Google Home上の両方で動く対話システムを構築できます．

5章では，発展的な話題として，ロボットとの対話やマルチモーダル情報の利用，対話システムの今後について説明しています．

付録として，クラウドソーシングを用いたデータ収集の具体的な方法も取り上げています．近年，対話データ収集などにクラウドソーシングを利用することは当たり前になってきました．その具体的な方法を説明しています．

そのほか，対話システムに関するカジュアルな話題をコーヒーブレークとして随所に入れました．コーディングの合間の休憩に読んでいただければ幸いです．

本書は，対話システムを作りたい情報系の学生・エンジニアを主な対象として執筆しました．しかし，Pythonの知識があり，対話システムに興味がある方であれば，理解できる内容となっています．最も重要なのは，「対話システムを作りたい！」という意欲です．

本書の執筆にあたり，慶應義塾大学の堀江拓実さん，川島寛乃さん，山口留実さん，京都大学の児玉貴志さん，電気通信大学の南泰浩教授に文章やコードのチェックをいただきました．入念なチェックに大変感謝いたします．NTTドコモの角森唯子さん，電通の村上晋太郎さんには，商用サービスやAmazon Alexaにおける実装について貴重なアドバイスをいただきました．担当いただいたオーム社の橋本享祐さんに感謝いたします．当初の予定から大きな遅れなく出版できたのも橋本さんの叱咤激励のおかげです．終わりに，これまでの筆者らの対話システム研究を日々ご支援いただいている皆様にも感謝いたします．

2020年1月

東中竜一郎・稲葉通将・水上雅博

執筆担当

東中：1.1，1.2，2章，5章

コーヒーブレーク（被験者実験，学会，チューリングテスト・コンペ事情）

稲葉：1.3（Windows，Win/macOS共通部），3.3（「発話選択」以外），3.4（「話し方の変換」以外），付録

コーヒーブレーク（Tay，人狼知能，「よりひめとKELDIC」のKELDICに関する部分）

水上：1.3（macOS），3.1，3.2，3.3（発話選択），3.4（話し方の変換），4章

コーヒーブレーク（「よりひめとKELDIC」のよりひめに関する部分，評価，キャラクタ性，対話システムとプライバシー）

本書のサポートページ

本書で用いたソースコード，データなどは以下からダウンロードできます．

`https://github.com/dsbook/dsbook/`

また，本書の内容に関する質問やコメントをメールで受け付けています．作ってみた対話システムについても，ぜひ教えてください．

`dialoguesystemwithpython@gmail.com`

ソースコードやデータのご利用にあたっては以下の点にご注意ください．

- 本書のプログラムは本書をお買い求めになった方がご利用いただけます．
- 本プログラムの著作権は東中竜一郎・稲葉通将・水上雅博に帰属します．
- 本書に掲載されている情報は2019年12月時点のものです．Pythonのライブラリのバージョンアップなどによって動作しなくなることがありますので，ご注意ください．サポートページでも適宜情報を提供する予定です．
- 本プログラムを利用したことによる直接あるいは間接的な損害に対して，著作者およびオーム社はいっさいの責任を負いかねます．利用は利用者個人の責任において行ってください．

目　次

第1章 対話システムを作るにあたって

本書は，対話システム，すなわち人間と会話ができるコンピュータ，を自分の力で作れるようになるための本です．対話システムは人工知能分野の究極の目標の1つだと言われています．状況に応じて，相手の意図を理解し，次の発言を考えるといったプロセスは人間の知的活動の集大成です．対話システムは，知能の総合格闘技と言う人もいます．

我々の身の回りには，Apple社のSiriなどのスマートフォン上で動作する音声エージェントサービスやAmazon社のAlexaといったAIスピーカなどが見られるようになってきました．これらのシステムは人間と会話をすることで天気を教える，レストランを検索するといった所定のタスクを行ったり，さまざまな話題について楽しいおしゃべりを実現したりしています．こうしたシステムは，ひと昔前まではサイエンスフィクションの世界でしか見られませんでしたが，少しずつ現実のものとなってきました．本書ではこのようなシステムをどうやって作るかを解説していきます．本章では，まず対話システムの概要と基礎知識について説明し，そのあと，対話システムを構築するにあたっての基本的なツールのインストールについて説明します．

1.1 対話システムとは

1.1.1 対話と対話システムの定義

対話システムとは，人間と対話を行うシステムのことですが，そもそも対話とは一体何でしょうか？

対話とは，「情報の授受によって外界を変化させるプロセス」と定義されます．少し難しいですがどういうことかというと，対話では単に情報をやり取りしてい

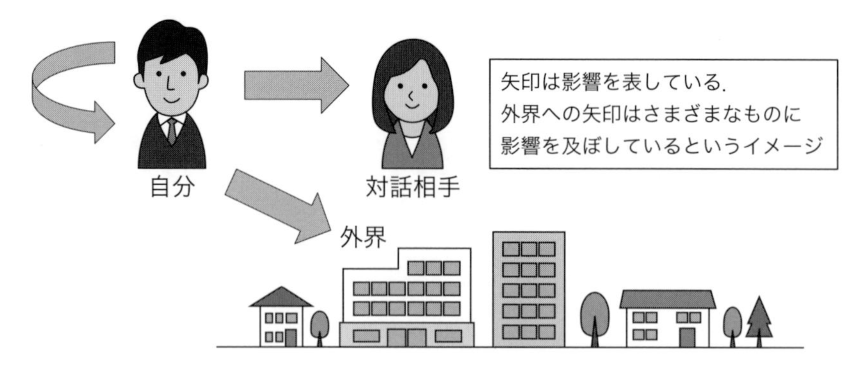

図 1.1 対話とは情報の授受によって外界を変化させるプロセス

るだけではなく，そのやり取りの結果として，世界がどんどん変わっていくということです．図1.1はこのプロセスを示したものです．

たとえば，誰かが何らかの発言をすることで，物の名前が決まったり，取り引きがなされたりします．また，何らかの情報を受け取ることによって人は嬉しくなったり悲しくなったりします．このように，対話の結果，世の中が変化したり自分や他人の気持ちが変わるということが起こります．これが外界（世界）が変わっていくということです．このような考え方のことを**発話行為論**と言います．発言は物理的な行為と同じで，世界を変えるものだということです．

発言によって状況が一変したり，人間関係が変わったりする，そういう経験をしたことがある人は多いと思いますが，対話にはそういう力があるのです．そして，対話システムは，そのような対話を行うシステムのことを指します．

「対話」と似た言葉に「**会話**」があります．会話の方がよりカジュアルな印象もありますが，本書では，対話と会話を同じ意味で使います．また，対話研究では**発言**のことを**発話**と言うことがあります．本書では，発言と発話を同じ意味で使います．

1.1.2 対話システムを作る意義

コンピュータと会話をすると言うと，機械と話すなんてむなしくて無為だといった批判が起こります．しかし，対話システムのメリットはたくさんあるのです．本書を手に取った方は，対話システムに魅力を感じていると思いますので，あえて書かなくてもよいかもしれませんが，たとえば以下のようなメリットが挙げられます．

- ハンズフリーで機器操作ができます．音声でのやり取りを行うことで，手を用いなくても機器操作ができます．料理をしながらレシピを検索したりといった状況で便利です．

- アイズフリーで機器操作ができます．アイズフリーというのは目を離しても大丈夫という意味です．ハンズフリーのメリットと似ていますが，対話システムではディスプレイを見なくても機器操作ができます．たとえば，自動車を運転しながらだと，前方から目を逸らすことはできません．しかし，そういった状況でも視線の移動なしに，音声によるやり取りのみで楽曲を再生したり知りたい情報を得たりすることができます．

- 直感的に機器操作ができます．対話をすること自体は，基本的に誰でも教わらなくてもできます．この特長によって，たとえば，高齢者や子どもにやさしい機器を実現でき，情報バリアフリーを実現できるということです．また，現在人工知能が高度化しており，使いこなすことは専門家でも難しくなってきています．こうした高度な人工知能のインタフェースが対話システムになれば，誰でも高度な作業を実現することができます．情報格差がなくなるということです．たとえば，地球温暖化について検討したいとしましょう．そのために，さまざまな演算をする地球シミュレータが目の前にあるとします．しかし，こうした機器は現状誰でも使いこなせるわけではありません．対話で操作できるようになれば「ここで台風が起こったらどのくらいここに雨が降るの？」とか「この条件で温暖化が進行したら数年後にこの地域の気候はどうなるの？」といったことについて話すだけで答えを得ることができるというわけです．

- 人間を精神的に支えることができます．人間は，たとえ相手がコンピュータであっても，やり取りを行うものであれば，あたかもそれが人間であるかのように扱ってしまうという性質があります．この原理を**メディアの等式**[1]（Reeves and Nass）と呼びます．人間は相手に話を聞いてもらったり，励ましてもらっ

[1] Reeves, B., & Nass, C. (1996). The Media Equation: How People Treat Computers, Television, and New Media Like Real People and Places. Cambridge University Press.

たりすることで気分がよくなったり，気力がわいてきたりします．これは対話相手がコンピュータであっても同じなのです．よって，対話システムであっても，人間と楽しい雑談・おしゃべりを行うことで人間を精神的に豊かにすることが可能です．実際，多くの対話システムが高齢者の心の支えとなっています．

このように，対話システムを作り社会に提供することで，人の生活を便利にし，生活を豊かにすることができます．

加えて，これは研究者目線の話かもしれませんが，対話システムの研究を通して，人間が行っている対話についてより深く知ることができることも意義に挙げられるかもしれません．実際に動作するものを作ってみて原理原則を調査するタイプの研究のことを**構成論的研究**と言います．作ってみないとわからないことは多くあります．われわれは対話を知らず知らずのうちに使いこなしています．しかし，人間同士が対話によってどのように意思疎通を実現できているかについてはわかっていないことがまだまだたくさんあります．対話システムを作るということは，対話にはどういう部品が必要で，それらをどのように繋げる必要があるかを考えることです．対話システムを作るということは，対話とは何かを知ることに繋がるサイエンス的な営みと言えます．

1.1.3 対話システムを作る難しさ

対話は社会のいたるところで見られますが，よくよく観察してみると，かなり複雑な現象です．対話システムを作っていくまえに，どのような難しさがあるのかを知っておきましょう．そうすることで，どうして対話システムがそのような方法で実現されているのかをより深く理解できます．対話システムにはたとえば，以下に挙げるような難しさがあります．

- 言われていないことを理解する必要があります．対話では発言そのものの意味を超えた意味が伝わることが多々あります．たとえば，「今日は暑いね」と誰かが言ったとして，その意味は「クーラーをつけてください」という意味かもしれません．「それはお塩ですか？」とレストランで言われたらそれは「塩を取ってください」という意味でしょう．このような現象を含意（がんい）と言いますが，対話では発話からさまざまな意味内容が含意されます．皮肉も含意の一種です．人間でも勘が悪いとうまく含意が認識できないものですが，含意には高度な推論が必要です．

- 複数の情報を統合して処理する必要があります．対話では，言葉だけを処理していては不十分な場合が多くあります．なぜなら，表情や身振り手振りが言葉以上の情報を持っている場合が多くあるからです．やり取りに用いるチャンネルのことを**モダリティ**と言います．テキスト，音声，視線，顔の向き，体の向き，表情，身振り，手振りなどはモダリティの例です．複数のモダリティの情報のことを**マルチモーダル情報**と言います．**メラビアンの法則**という言葉を聞いたことのある方は多いと思いますが，人間は言葉よりもジェスチャーなどから伝わる非言語情報を重視する傾向があります．また，声の大きさや抑揚など，対話ではさまざまな情報が交換されます．人間のように円滑な対話を実現するためには，こうした複数の情報を統合して処理する必要があります．

- 外界との対応付けを行う必要があります．対話は外界を変化させるプロセスですが，言葉が外界の何を指しているのかを理解する必要があります．「それ」や「あの車」と言われたときに，それらが具体的に何を指し示しているのかを理解しないと意思疎通はできません．また，言葉にはその場にないものを指し示すことができるという特徴があります．それらが何を指しているかも理解しなくてはなりません．このような言葉と外界の対応付けのことを**シンボルグラウンディング**と言います．**シンボルグラウンディング問題**（日本語では**記号接地問題**）は人工知能の基本問題の1つです．

- 考える範囲を適切に設定する必要があります．人間は回答を求められたときに考えられる範囲内でうまく答えを導きます．しかし，これがコンピュータにとっては難しいのです．これを**フレーム問題**と言います．これもまだ未解決の人工知能の基本問題の1つです．フレーム問題のために，システムは，考えられるすべての状況を考えようとしてフリーズしてしまったり，目的を達成することだけを考えてしまい人間に危害を与えてしまったりするのです．

本書では，これまでに提案されてきたさまざまな対話システムのアルゴリズムを実装とともに説明していきますが，それらはこれらをうまく扱えているとは言えません．対話システムはまだまだ発展途上の分野だということを理解しておいてください．

1.2 対話システムの基礎知識

ここでは対話システムの基礎知識を説明しておこうと思います．対話システムは長い歴史がある分野ですので，これまでの流れを理解しておかないと**車輪の再発明**になってしまうかもしれません．具体的には，歴史や類型を説明し，対話システムをいくつか紹介したいと思います．最後に対話システムの関連分野についても紹介します．

1.2.1 対話システムの歴史

本書の執筆時は人工知能の第三次ブームの真っただ中です．二度の冬の時代を抜けて，ふたたび大きなブームとなっています．対話システムもそれぞれのブームと並行して発展してきました．ここでは，それぞれのブームのときにどのような対話システムが研究され，現在の状況に至っているかを概観します．

第一次ブーム

第一次ブームは1950年代後半から1960年代です．このころに生まれた対話システムで有名なものが**ELIZA**（イライザ）です．これはロジャース心理学のカウンセリング手法を模倣する対話システムで，マサチューセッツ工科大学のワイゼンバウムが開発しました．手法としては，相手の発話を復唱する，もしくは，「もう少し詳しく教えてください」といった質問をする，という簡単なものでしたが，多くのユーザが自分のことをわかってもらえたと解釈し，ずっとELIZAと対話を続けてしまうといった現象が起きるほどでした．このシステムは手作業で作成したIf-Thenルールに基づいて応答するシステムで，簡単な単語の一致に基づくパタンマッチの機構で動作していました．

同時期に作られた**SHRDLU**（シャードル）も有名です．このシステムは言葉で積み木を操作できるというシステムです．ユーザの発言を解釈し，その意図に従って積み木を動かしていきます．現在の積み木の状態と齟齬がある場合には曖昧性を解消します．たとえば，「青いブロックを右に移動させて」という発言に対して，青いブロックが2つあれば，「どちらの青いブロックですか？」といった問い返しを行います．ユーザ発話と実世界（ここでは積み木の世界）を対応付けて理解しているところがポイントです．

対話システムの世界では，ELIZAが簡単なパタンマッチに依存していたり，SHRDLUが積み木の世界の対話を扱っていたわけですが，このことが代表するように，このころの人工知能は限定的な状況でしか問題を解決することができませんでした．すなわち，現実世界の問題を解決することができませんでした．そのため，応用に結びつかず，人工知能研究は冬の時代を迎えることになりました．

第二次ブーム

第二次ブームは1980年代です．このブームは**エキスパートシステム**が牽引しました．エキスパートシステムというのは，専門家の知識を持ったコンピュータのことです．その知識を利用して現実世界の問題を解決することが期待されました．第一次ブームでは，人工知能が実世界で有用性を発揮できなかったのは知識が足りなかったためで，人間がその知識をコンピュータにきちんと教えることができれば解決すると考えられていました．実際，エキスパートシステムは役に立ちました．医療診断システムの**MYCIN**（マイシン）は専門医に若干劣る程度の診断ができたと言います．

このころに，開発された対話システムの有名なものが**GUS**です．これは**フレーム表現**（図1.2を参照）と呼ばれる知識構造を利用し，ユーザの発言から得られた情報でフレーム表現を埋めていくことでユーザ発話を理解していくということを特徴としていました．この考え方は現在の対話システムでも用いられているものです．フレーム表現というのは，対話システムの難しさのところで述べた，フレーム問題への対策です．フレーム表現を用いることで，理解すべき範囲をあらかじめ規定することができました．これによって，フライトを予約するといった対話をシステムと行うことができるようになりました．

第二次ブームでは，人工知能に人間が知識を教え込むことで現実世界の問題を解決することに一定程度の成功を収めましたが，この知識をコンピュータにどのように入力するかが大きな課題になりました．専門家にインタビューをして知識を体系化してシステムに入れ込むことが大変だったのです．これを**知識獲得のボトルネック**と呼びます．この大変さのために人工知能研究は再び冬の時代を迎え

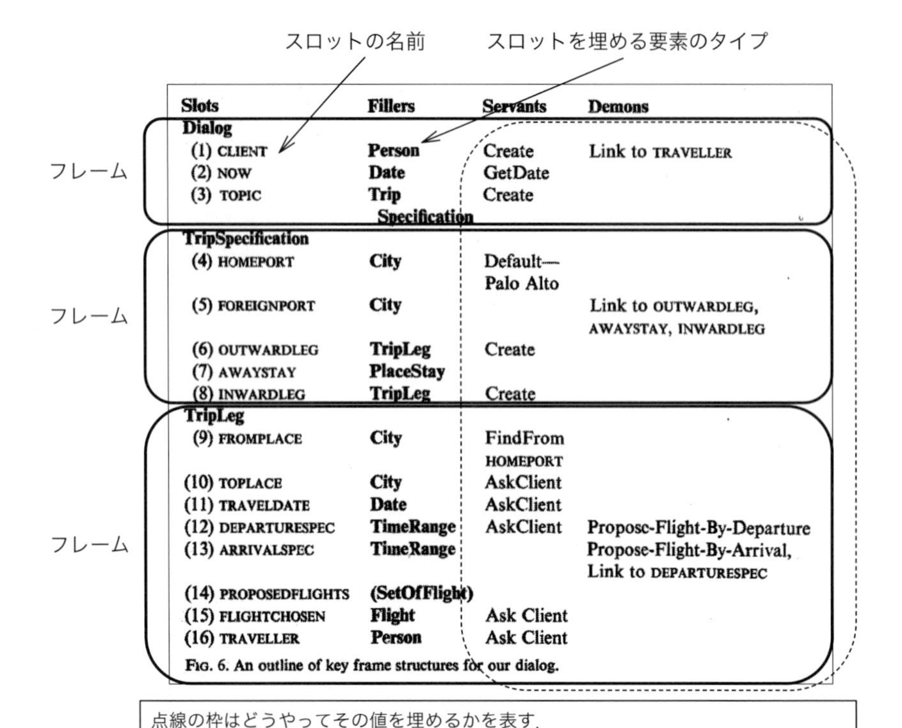

Slots	Fillers	Servants	Demons
Dialog			
(1) CLIENT	Person	Create	Link to TRAVELLER
(2) NOW	Date	GetDate	
(3) TOPIC	Trip Specification	Create	
TripSpecification			
(4) HOMEPORT	City	Default— Palo Alto	
(5) FOREIGNPORT	City		Link to OUTWARDLEG, AWAYSTAY, INWARDLEG
(6) OUTWARDLEG	TripLeg	Create	
(7) AWAYSTAY	PlaceStay		
(8) INWARDLEG	TripLeg	Create	
TripLeg			
(9) FROMPLACE	City	FindFrom HOMEPORT	
(10) TOPLACE	City	AskClient	
(11) TRAVELDATE	Date	AskClient	
(12) DEPARTURESPEC	TimeRange	AskClient	Propose-Flight-By-Departure
(13) ARRIVALSPEC	TimeRange		Propose-Flight-By-Arrival, Link to DEPARTURESPEC
(14) PROPOSEDFLIGHTS	(SetOfFlight)		
(15) FLIGHTCHOSEN	Flight	Ask Client	
(16) TRAVELLER	Person	Ask Client	

FIG. 6. An outline of key frame structures for our dialog.

点線の枠はどうやってその値を埋めるかを表す．
Servantsは必要に応じて実行される処理．Demonsは値が埋まったら発動する処理

図1.2 GUSにおけるフレーム表現

（出典）Daniel G. Bobrow, Ronald M. Kaplan, Martin Kay, Donald A. Norman, Henry S. Thompson, Terry Winograd, "GUS, A Frame-Driven Dialog System," Artificial Intelligence, Vol.8, Issue 2, pp.155-173, 1977.

ることになりました．

第三次ブーム

第三次ブームは2000年代から現在です．計算機の性能改善やWebの時代となって大量のデータが利用可能になったこともあり，**機械学習**，とくに**深層学習**（**ディープラーニング**とも呼ばれます）が花開き，このブームを牽引しています．機械学習では，人間がいちいち知識をコンピュータに与えなくても，事例を入力するだけでコンピュータがものごとの判断の仕方を自動で学習してくれます．機械学習によって，**音声認識**や**音声合成**などの性能は飛躍的に改善しました．深層学習は，

人間の脳の仕組みを模した**ニューラルネットワーク**を多層に積み重ねたものを用いた機械学習のことです．深層学習により，画像や音声を含む多くの分野でさらに高精度な判断ができるようになりました．

第三次ブームでは対話システムの産業応用が始まりました．Apple 社の **Siri** や Amazon 社の **Alexa**，Microsoft 社の **Cortana**，国内であれば NTT ドコモ社の**しゃべってコンシェル**などがリリースされ，一般ユーザがそれらを用いるようになりました．このブームの最も重要な点は，それまで研究室に閉じていた研究が産業応用として花開いたという点です．実際にユーザが満足できるような対話がついにできるようになったのです．

しかし，このブームもいつまで続くかわかりません．ただ，ブームが落ち着いたとしても，対話システムが一般ユーザによって使われなくなることはないでしょう．対話システムが他の手段に比べて優位な点をユーザが理解したからです．たとえば，布団の中からアラームを設定するということは他の方法では困難です．一方，対話システムの難しさで示したような人工知能の基本問題が解決できない限り，人間のような対話をすることはできません．対話システムが現状の **AI スピーカ**（**スマートスピーカ**）のようにアラームや楽曲検索といった用途のみに使われることになるのか，もっと人間らしい対話ができるようになるのかは今後の研究次第です．

1.2.2　対話システムの類型

対話をするコンピュータはすべて対話システムですが，その形態はさまざまです．ここでは，対話システムの類型を説明します．対話システムは大きく以下の観点で分類されます．

タスクの有無　対話システムが所定のタスクを遂行することを目的にしているか否かによる分類です．所定のタスクを遂行する対話システムのことを**タスク指向型対話システム**と呼びます．たとえば，天気情報案内システム，フライト予約システム，レストラン検索システムといった具合です．所定のタスクを遂行することを主な目的としない対話システムは**非タスク指向型対話システム**もしくは**雑談対話システム**と呼ばれます．タスクの有無は，対話システムにおける最も基本的な分類です．Siri や Alexa は基本的にはタスク指向型対話システムですが，雑談にも一部応答しますので，非タスク指向型対話システムの要素を持っていると言えます．

人数 対話に参加する人数による分類です．一対一の対話システムが基本ですが，ユーザが複数だったりシステムが複数だったりする場合は**マルチパーティ対話システム**と呼びます．パーティとは参加者のことです．また，美術館や博物館のガイドを行うシステムでは，一体のシステムが多数のユーザに向けてプレゼンテーションなどを行う場合もあります．

モダリティ 対話で利用するモダリティによる分類です．複数のモダリティを用いるシステムのことを**マルチモーダル対話システム**と呼びます．モダリティに近いものとして**パラ言語情報**があります．これは言語の周辺情報を指します．声の大きさ，高さ，抑揚などはパラ言語情報です．ソフトバンク社のPepperは音声でやり取りもできますが，身振りや手振りも行えますし，胸のタッチパネルから入力を受け付けることができますので，**マルチモーダル対話システム**です．

主導権 対話の主導権を誰が握るかによる分類です．システムが一方的に対話を進める場合は**システム主導型の対話システム**と呼びます．逆に，ユーザが対話を進める場合は**ユーザ主導型の対話システム**と呼びます．主導権が切り替わりながら対話が進む場合は**混合主導型の対話システム**と呼びます．

身体性 対話システムが身体を持っているかどうかによる分類です．対話システムが物理的な身体を持っているとき，それは**ロボット**です．物理的な身体でなく，画面上にキャラクタが出てきて対話をするような場合は**擬人化エージェント**，もしくは**バーチャルエージェント**と呼びます．電話などで対話を行うシステムは身体がありません．たとえば，Siriには身体はありません．AIスピーカはロボットに該当すると言えます．

ここで紹介した類型は対話システムの研究で用いられる基本的なものです．みなさんが対話システムを作る場合には，上記の類型に照らしてどのような対話システムを作ろうとしているのかを明確にしておくとよいでしょう．

本書では，タスク指向型対話システム，非タスク指向型対話システムの両方の作り方を解説していきます．人数は一対一，モダリティとしてはテキストもしくは音声を扱います．マルチパーティ・マルチモーダル対話システムの構築については方法論が確立されていなかったり，複数のセンサが必要だったりして構築に高いコストがかかるため本書では扱いません．主導権についてはシステム主導，ユーザ主導，混合主導のすべてを扱います．本書では，身体を持たない対話システムを中心に説明しますが，4章でAmazon Alexa/Google Homeの実装について，そして，最後の章では，マルチモーダル情報やロボットを用いた対話システムについて触れたいと思います．

1.2.3　対話システムの例

図1.3に対話システムの例を示します．

それぞれ，見た目が違ったり，参加者の数が違ったりすることがわかると思い

(a) NTT 天気情報 案内システム

(b) 早稲田 小林研

(c) Virtual nurse

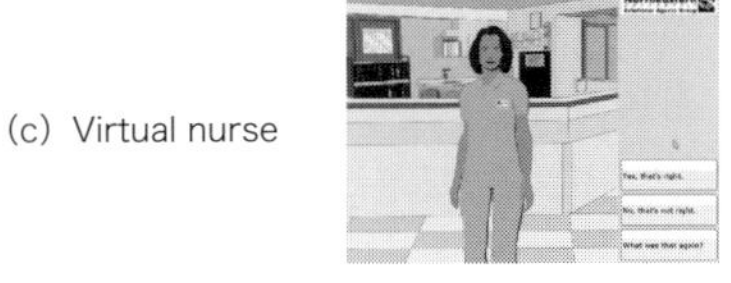

(d) しゃべってコンシェル

(e) Pepper

(f) 各種AIスピーカー

(g) りんな

図1.3　対話システムの例

（出典およびクレジット）

(a) NTT日本電信電話株式会社
(b) 早稲田大学　知覚情報システム研究室（小林哲則研究室）
(c) Bickmore et. al., Virtual Discharge Nurse https://www.youtube.com/watch?v=TGUQkWQRLuU
(d) 株式会社NTTドコモ
(e) ソフトバンク株式会社
(f) https://ja.wikipedia.org/wiki/スマートスピーカー
(g) Microsoft

ます．いくつかのシステムでは音声認識が困難な騒音の多い環境で用いられるために，ユーザの入力はタッチパネルによる選択で行うようになっていたりします．

1.2.4 対話システムの関連分野

対話システムの関連分野について述べておきます．対話システムは人工知能の分野で活発に研究されていますが，学際的な領域です．発話行為論は言語哲学から生まれてきた考え方ですし，対話で起こる現象についての知見は言語学から得られたものが多くあります．人間同士のやり取りを扱うため，対話システムは社会学とも関係があります．人間がどのように状況を理解しているのかなどの知見は認知科学の分野から得られています．その他，脳科学，ロボティクス，ヒューマンインタフェースといったさまざまな分野が関係しています．対話システムはある意味人間を作っているようなものです．そのため，人間に関わる多くの分野が関わっているのです．

1.3 本書で用いるツール・プラットフォーム

みなさんは「よし，対話システムを作ろう」と燃えていることと思いますが，一から作るとなると大変です．先ほど書いた通り，対話システムを作るということは人間を作ることと似ています．そんな複雑なものを一から作ろうとするとすぐに挫折してしまいます．しかし安心してください．世の中には多くの便利なツールやソフトウェアが存在します．それらをうまく組み合わせていくことで比較的簡単に対話システムを構築することができるのです．

本書では，対話システムの作り方を説明し，実際にみなさんにもそれらを作れるようにしたいと思っていますので，ここではそのようなツールの使い方やソフトウェアを導入する方法について説明します．コンピュータに慣れていない方も多いかもしれませんが，1つずつ操作をしていくことでインストールできるように説明しますので，少し退屈かもしれませんが我慢して作業しましょう．対話システムを作るためです．

以下では，大きく分けて3つのことをやっていきます．

1つめは，**Python**を実行するための設定と必要なライブラリのインストールです．本書では，Pythonと相性のよいUNIX/Linux環境でPythonやその他のプログラムを動かしていきます．macOSの根幹はUNIXベースで作成されたOSですので，そのままでOKですが，Windowsの場合は環境設定が必要となります．

2つめは，本書で使用するプログラムと必要なデータのダウンロードです．プログラムをすべて書いていくのは面倒なので，ここでダウンロードしておきます．本書のプログラムとデータはGitHubにアップロードされていますので，そこからダウンロードします．

3つめは，**Telegram**上で対話システムを動作させるための設定を行います．TelegramとはLINEのようにユーザ間でメッセージや写真，動画などを送受信できる**メッセンジャーアプリ**と呼ばれるものの一種です．2章と3章ではTelegram上で対話システムを動作させていきますので，その準備を行います．

1.3.1 環境設定

PythonとUNIX/Linuxはとても相性がよく，さまざまなメリットがあるため，本書ではUNIX/Linux環境でPythonやその他のプログラムを動かしていきます．そのため，Windowsの場合はWindowsの中でLinuxを動作させるWSL（Windows Subsystem for Linux）を使ってLinux環境を作成します．ここからはWindowsとmacOSで分けて，それぞれで行う手順について説明していきます．

Windows

WSLによりLinuxを動作させるためには，まずWSLの機能を有効化する必要があります[2]．デスクトップの左下のWindowsロゴをクリックし，スタートメニューを表示させます．その状態で「Windowsの機能の有効化または無効化」と入力し，表示された同名の項目を選択してください．すると図1.4のようなダイアログが立ち上がりますので，「Windows Subsystem for Linux」もしくは「Linux用Windowsサブシステム」にチェックを入れてください．OKをクリックすると再起動を要求されるので，再起動してください．左下のWindowsロゴをクリックし，「store」と入力すると表示されるMicrosoft Storeのアプリを立ち上げてください．アプリ右上の「検索」に「Ubuntu」と入力して検索を行ってください（図1.5）．いくつかのアプリが検索されますが，「Ubuntu 20.04.4 LTS」を選択し，入手をクリック

[2]なお，有効化する前に，Windows Updateによって，Windowsを最新化しておきましょう．古いビルドだと，本書で用いるWSLの機能の一部が利用できないことがあります．

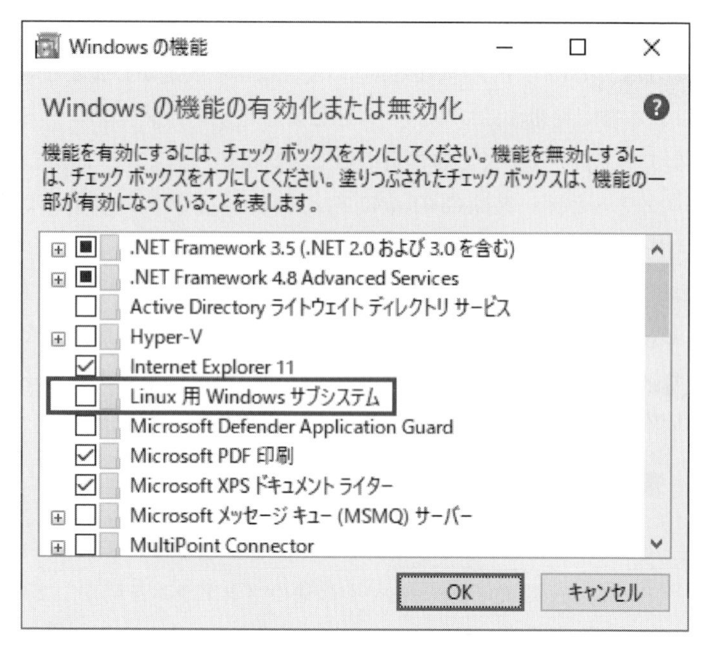

図 1.4　Windows の機能の有効化または無効化

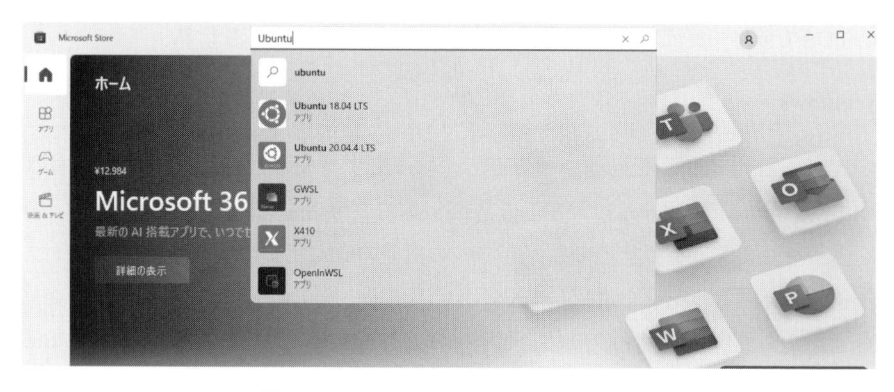

図 1.5　Microsoft Store のスクリーンショット

した後，インストールしてください．Microsoft アカウントでのサインインを求められるかもしれませんが，「必要ありません」を選択して構いません．

インストールしたあと，アプリを起動しましょう．Microsoft Store 上からも起動できますし，スタートメニューから「Ubuntu 20.04.4 LTS」を選んでも OK です．今後，本書における「コンソール上で」という表現は，このアプリ上でのコマンド入力を指します．初めて起動する際には数分インストールのための待ち時間があった後，ユーザ名とパスワードが聞かれますので，それぞれ入力すれば設定が完了です．ユーザ名とパスワードは好きなものを設定してください．

macOS

Windows では WSL を使って Linux を動作させる必要がありましたが，macOS は UNIX ベースのシステムになっているので，もう少し手順が簡単です．まず，Dock から Launchpad を開き，アプリケーションの一覧の中から「ターミナル」を選んで起動します．Dock は画面端に見えているか，マウスカーソルを持っていくと図 1.6 のように出てきます．Launchpad ではアプリケーションの一覧が表示されているので，その中から「その他」を選び，図 1.7 で示す「ターミナル」を探して，起動します．今後，本書における「コンソール上で」という表現は，このア

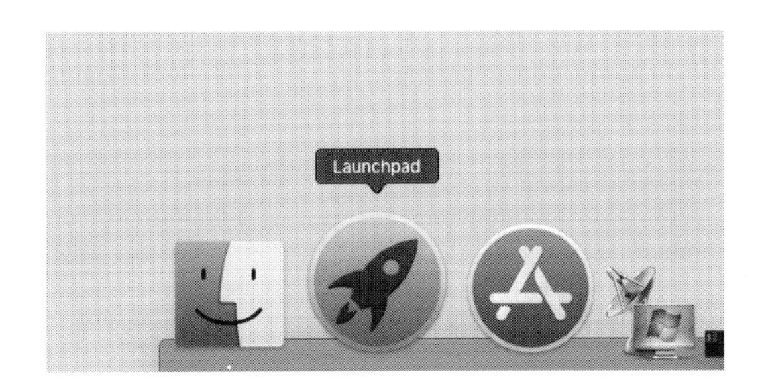

図 1.6　Launchpad

図 1.7　ターミナル

プリ上でのコマンド入力を指します．

1.3.2 GitHubからのプログラムとデータのダウンロード

本書で使用するプログラムとデータはすべてGitHub（https://github.com/dsbook/dsbook）にアップロードされています．これらをダウンロードするために，まずは，Gitのインストールを行います．なお，すでにインストールされている場合もあります．WindowsとmacOSでコマンドが違いますので，それぞれコンソール上で以下のコマンドを入力してください．

なお，macOSでは最初にWSLのaptにあたるHomebrew[3]をインストールする必要があります．インストール途中で「Press RETURN to continue or any other key to abort (続けるにはエンターキーを，やめるならその他のキーを押してください)」と聞かれますが，ここではエンターキーを押してください．また，「Password:」と表示された場合は，macOSのパスワードを入力してください．

Windows

```
$ sudo apt update
$ sudo apt install git -y
```

なお，sudoコマンドを実行する際はパスワードを聞かれます．コンソールを最初に立ち上げた際に入力したパスワードを入力してください．なお，パスワードは入力してもコンソール上に表示されませんので注意してください．

macOS

```
$ /bin/bash -c "$(curl -fsSL https://raw.githubusercontent.com/
                Homebrew/install/HEAD/install.sh)"
$ brew install git
```

(1行目は紙面の都合で折り返していますが，改行せずに打ち込んでください)

Gitのインストールが完了したら，プログラムとデータをダウンロードします．

これまで本書の指示通りに実行していれば，現在はホームフォルダ（ホームディレクトリという呼び方のほうが馴染みのある方が多いと思いますが，本書ではこ

---

[3] https://brew.sh/index_ja

のように表記します）にいると思いますが，念のため，コンソール上で以下のコマンドを実行し，ホームフォルダに移動しましょう．

```
$ cd
```

「cd」はフォルダを移動するためのLinuxコマンドです．「cd」の後に移動したいフォルダ名を入力することで，そのフォルダに移動することができます．今回のように「cd」だけを入力すると，どこのフォルダにいてもホームフォルダに移動できるので，自分のいるフォルダがどこかわからなくなった場合などは，これを実行すればよいことを覚えておきましょう．

次に，GitHubからプログラムとデータをダウンロードしましょう．ホームフォルダで以下のコマンドを実行してください．

```
$ git clone https://github.com/dsbook/dsbook.git
```

きちんとダウンロードできているか，以下のコマンドで確認してみましょう．

```
$ cd dsbook
$ ls
```

「ls」は現在の自分のいるフォルダにあるファイルとフォルダの一覧を表示するLinuxコマンドです．「ls」コマンドを実行した結果「.py」で終わるファイルをはじめとした複数のファイルが確認できれば，正しくダウンロードができています．

本書のプログラムは，すべてこのdsbookフォルダ上で実行します．もし今後，プログラムを実行する際に「No such file or directory」というエラーメッセージが出た場合，現在のフォルダがdsbookではない可能性があるので，その場合はいったん「cd」コマンドでホームフォルダに移動し，「cd dsbook」コマンドでdsbookフォルダに移動するようにしましょう．

最後に，Windowsのエクスプローラ，もしくはmacOSのFinderからdsbookフォルダにアクセスする方法を説明します．

コンソール上でdsbookフォルダに移動し，以下のコマンドを実行してください．Windowsではエクスプローラで，macOSではFinderでdsbookフォルダが開きます．

Windows

```
$ explorer.exe .
```

macOS

```
$ open .
```

本書のフォルダ構成を図1.8に示します.

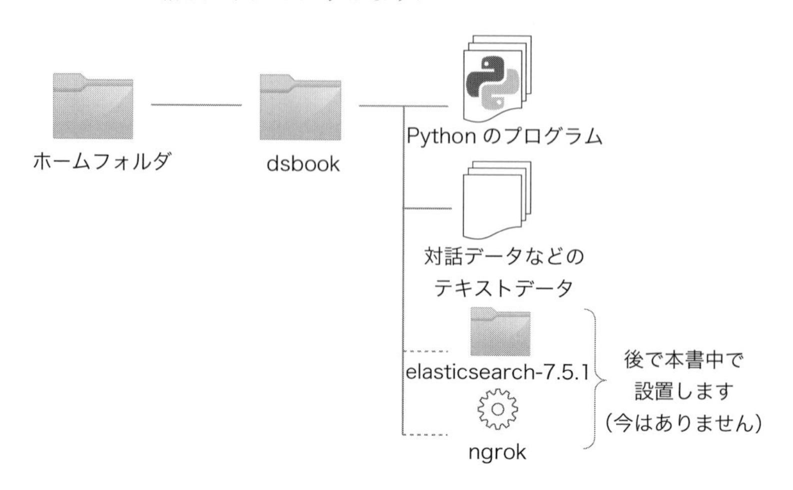

図1.8 フォルダ構成

1.3.3 Python3 (Windows/macOS)

Pythonには現在3.x系と2.x系がありますが,本書では文字コードの扱いで問題の少ない3.x系を使っていきます. WindowsとmacOSでデフォルトでインストールされているソフトウェアが異なるため,ここでもOSごとに分けて説明していきます.

Windows

Windowsで導入したLinux環境では,すでにPython 3.8.10がインストールされています.ただし,Python3のライブラリを簡単にインストールするためのソフトウェアであるpip3がインストールされていませんので,コンソール上で以下のコマンドを入力してください．

```
$ sudo apt install python3-pip -y
```

入力後，パスワードを聞かれる場合がありますが，先ほどと同じく最初に立ち上げた際に入力したパスワードを入力してください．なお，インストール中に「Restart services during package upgrades without asking?」（確認せずにパッケージのアップグレード中にサービスを再起動しますか？）と聞かれますので，〈Yes〉を選択し，Enterキーを押してください．これでpip3のインストールは完了です．

macOS

macOS環境では，バージョン11からPythonのプリインストールがなくなりました．そのため，Python 3.8.10をインストールしましょう．

まず，`https://www.python.org/downloads/` にアクセスし，"Looking for Python with a different OS? Python for Windows, Linux/UNIX, Mac OS, Other"と書いてある中のMac OSを選びます．そして，Stable Releasesの中からPython 3.8.10のDownload macOS 64-bit Intel installerをクリックし，macOSのバージョンに合ったインストーラーをダウンロードします．

ダウンロードしたpython-3.8.10-macosx10.9.pkgというファイルをダブルクリックし，インストーラーに従ってインストールを進めます．インストーラーでの作業が完了したら，Python 3.8というフォルダが開きますので，Install Certificates.commandというファイルをダブルクリックしましょう．すると，ターミナルが開き，python3やpip3がインターネットにアクセスする際に利用する証明書が更新されます．これでインストールは完了です．このインストーラーはPython3だけでなく，pip3も同時にインストールしてくれるので，WindowsのPythonインストールで実行しているpip3のインストールの作業をする必要はありません．

1.3.4 MeCab

本書では，日本語の処理のためオープンソースの形態素解析エンジンである**MeCab**（めかぶ）を使用します．**形態素解析**とは，入力された文を形態素と呼ばれる意味を持つ最小の単位，すなわち単語に分割し，単語に品詞情報を付与することです．本書では主に日本語の文を単語分割するために使用します．

MeCabのインストールについてもWindowsとmacOSでコマンドが異なります．コンソール上で次のように入力してください．

Windows

```
$ sudo apt install mecab libmecab-dev mecab-ipadic-utf8 swig -y
```

macOS

```
$ brew install mecab
$ brew install mecab-ipadic
```

mecab-python3のインストール（Windows/macOS共通）

次に，MeCabをPythonから利用できるようにします．以下のコマンドをコンソール上で入力してください．

```
$ pip3 install mecab-python3==0.996.5
```

では最後にPythonからMeCabを使って形態素解析結果を表示してみましょう．プログラムの内容は以下のようになっています．

プログラム 1.1 mecab-python3_test.py

```
1  import MeCab
2
3  mecab = MeCab.Tagger()
4
5  # python3-mecabのバグ回避のため，空文字をparse
6  mecab.parse('')
7
8  # 標準入力からテキストを受け取る
9  text = input(">")
10
11 node = mecab.parseToNode(text)
12 while node:
13     print(node.surface, node.feature)
```

```
14       node = node.next
```

では，コンソール上で次のコマンドを実行し，dsbookフォルダに移動しましょう．

```
$ cd
$ cd dsbook
```

次に，以下のコマンドを実行し，続いて形態素解析を行いたい文章を日本語で入力してみましょう．以下は「今日はいい天気ですね」を形態素解析した例です．

```
$ python3 mecab-python3_test.py
>今日はいい天気ですね
BOS/EOS,*,*,*,*,*,*,*,*
今日 名詞,副詞可能,*,*,*,*,今日,キョウ,キョー
は 助詞,係助詞,*,*,*,*,は,ハ,ワ
いい 形容詞,自立,*,*,形容詞・イイ,基本形,いい,イイ,イイ
天気 名詞,一般,*,*,*,*,天気,テンキ,テンキ
です 助動詞,*,*,*,特殊・デス,基本形,です,デス,デス
ね 助詞,終助詞,*,*,*,*,ね,ネ,ネ
BOS/EOS,*,*,*,*,*,*,*,*
```

1.3.5 Telegram

本書ではメッセンジャーアプリ **Telegram** 上で動作する対話システムを作成していきます．日本ではメッセンジャーアプリといえばLINEですが，世界的に見ればLINEとTelegramは同じくらいのユーザ数がいます（それぞれ約2億ユーザ）．Telegramが優れている点は，Telegram上で動作する対話システム（ボット）が非常に簡単に作れるという点にあります（LINE上で動作する対話システムも作ることは可能ですが，Webサーバが必要だったりするなど，少しハードルが高いものとなっています）．

まず，以下のURLからTelegramをダウンロードし，アカウントを作成してください．

https://telegram.org/

TelegramはWindows，macOS用のアプリに加え，スマートフォン用のアプリも

提供されています．どのプラットフォームのものを選んでも問題ありませんので，各自で好きなものを使用してください．たとえば，Windowsの場合は，Telegram for Windows/Mac/Linuxをクリックし，次の画面でGet Telegram for Windowsをクリックすることでインストーラーがダウンロードできます．なお，アカウントの作成には電話番号が必要です．Telegramを使用せず，コンソール上で対話システムを動作させるプログラムを本書のサポートページ（GitHub）に用意しています．使用方法などの詳細はサポートページでご確認ください．

アカウントができたら，左上の検索窓にて「@BotFather」で検索してください．検索結果として出てきた@BotFatherを選択し，右下の「Start」をクリックしてメッセージを送れるようにします．次に，@BotFatherに対して /newbot と送信してください．すると，BotFatherが「Alright, a new bot. How are we going to call it? Please choose a name for your bot.」（了解．新しいボットの作成ですね．それをどう呼びたいですか？　あなたのボットの名前を決めてください．）と言われるので，好きな名前を入れてください．

BotFatherは「Good. Now let's choose a username for your bot. It must end in 'bot'. Like this, for example: TetrisBot or tetris_bot.」（あなたのボットのusername（本書ではスクリーンネームと呼びます）を決めてください．ただし，TetrisBotやtetris_botのように必ずbotで終わる必要があります）と返してきますので，最後がbotで終わる好きなスクリーンネームを入力してください．ここでは，先ほどの名前とは異なり，他の人が同じスクリーンネームを使用したボットをすでに作成していた場合は，別のスクリーンネームにする必要があります．そのため，ここは他の人と被らないスクリーンネームを入力してください．

スクリーンネームが決まると，アクセストークンが発行されます．「Use this token to access the HTTP API:」の次の行がアクセストークンです（図1.9）．

では次はプログラムを実行していきましょう．ここでは最も単純なシステムであるオウム返しボット，つまりユーザの発言をそのまま返すシステムを実行します．今回，使用するのは，telegram_bot.pyとecho_system.pyという2つのファイルです．内容は以下のようになっています．

プログラム 1.2 telegram_bot.py

```
1  from telegram.ext import Updater, CommandHandler, MessageHandler,
       Filters
```

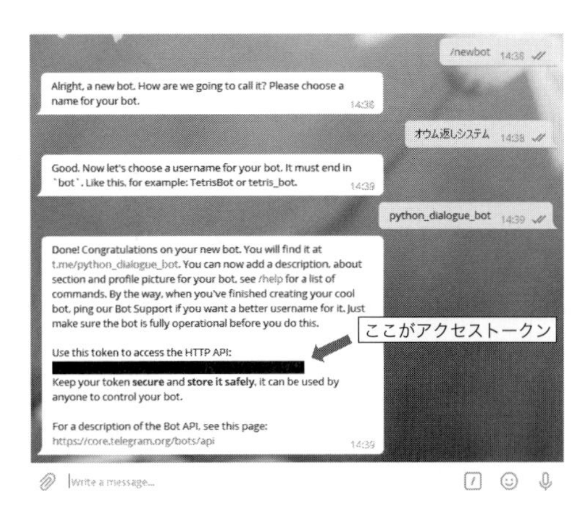

図 1.9　Telegram でのボットアカウントの作成

```
 2
 3  # アクセストークン(先ほど発行されたアクセストークンに書き換えてください)
 4  TOKEN = "XXXXXXXXXXXXXXXXXXXXXXXXXXXXXXXX"
 5
 6
 7  class TelegramBot:
 8      def __init__(self, system):
 9          self.system = system
10
11      def start(self, bot, update):
12          # 辞書型 inputにユーザIDを設定
13          input = {'utt': None, 'sessionId': str(update.message.from_user.
                id)}
14
15          # システムからの最初の発話をinitial_messageから取得し，送信
16          update.message.reply_text(self.system.initial_message(input)["
                utt"])
17
18      def message(self, bot, update):
19          # 辞書型 inputにユーザからの発話とユーザIDを設定
20          input = {'utt': update.message.text, 'sessionId': str(update.
                message.from_user.id)}
21
22          # replyメソッドによりinputから発話を生成
23          system_output = self.system.reply(input)
24
```

```
25            # 発話を送信
26            update.message.reply_text(system_output["utt"])
27
28        def run(self):
29            updater = Updater(TOKEN)
30            dp = updater.dispatcher
31            dp.add_handler(CommandHandler("start", self.start))
32            dp.add_handler(MessageHandler(Filters.text, self.message))
33            updater.start_polling()
34            updater.idle()
```

最初に，4行目のアクセストークンをさきほど発行されたものに書き換える必要があります．

プログラムの書き換えには，各自で好きなテキストエディタを使用してください．何を使用すればいいかわからない場合は，Windowsであればサクラエディタや Terapad，macOSであればmiやCotEditor（図1.10）があります．多くのテキストエディタではファイルのドラッグ・アンド・ドロップに対応しているので，エクスプローラ（Windows）かFinder（macOS）でdsbookフォルダを開き，telegram_bot.py のファイルをテキストエディタにドラッグ・アンド・ドロップしてください．

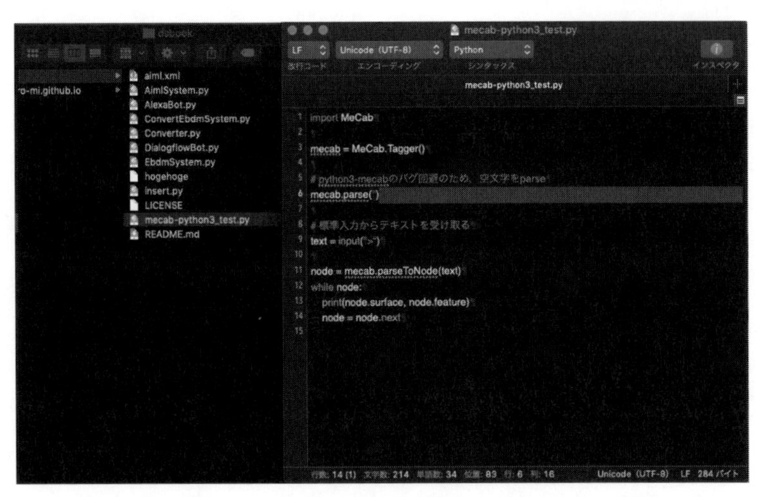

図 1.10　CotEditor

TelegramBot クラスはTelegramのサーバと通信を行うクラスです．コンストラクタ（__init__で定義されるメソッド）で実際に応答内容の決定を行うsystemオブジェクトを受け取ります．このようにしておくことで，対話システムの応答内容や応答方法を変更したい場合には，渡す system オブジェクトを変更すれば TelegramBot クラスを変更することなく Telegram 上でシステムを動かすことができるようになります（詳しくは後述の設計指針を参照してください）．start メソッドは対話開始時に呼ばれるメソッドで，13 行目で system オブジェクトにユーザの発話，およびユーザの情報を渡すための辞書型オブジェクト input を作成します．input は utt と sessionId の 2 つのキーを持ち，utt の値はユーザの発話で，sessionId の値はユーザを区別するための ID となっています．現在作成している対話システムと話すのはあなた一人なので，ユーザを区別する必要はないと思われるかもしれません．しかし，今後 Telegram や Amazon Alexa，Google Home 上で動作する対話システムを誰でも使えるように公開する場合，誰がどのような応答をしたのかということを覚えておかないと，適切な応答を返すことができなくなってしまいます．そのため，少し面倒ですが，ここでは最初からそういったことを見越してシステムを作成していきます．

Telegram の場合，対話はシステム側から始まりますので，ここでは utt の値は None となっています．sessionId はユーザが区別できれば何でもよいのですが，今回は Telegram 上におけるユーザの ID をセットします．このようにすることで，ほかのユーザと重複しない ID が設定できます．run メソッドは実行することで Telegram との通信を開始します．29 行目でアクセストークンをセットしています．30〜34 行目は Telegram で対話システムを動かすためのおまじないだと考えてください．理解できなくても問題ありません．

プログラム 1.3　echo_system.py

```
1  from telegram.ext import Updater, CommandHandler, MessageHandler,
       Filters
2  from telegram_bot import TelegramBot
3
4  # ユーザの入力をそのまま返す対話システム.
5  class EchoSystem:
6      def __init__(self):
7          pass
8
9      def initial_message(self, input):
10         return {'utt': 'こんにちは。対話を始めましょう。', 'end': False}
```

```
11
12     def reply(self, input):
13         return {"utt": input['utt'], "end": False}
14
15
16 if __name__ == '__main__':
17     system = EchoSystem()
18     bot = TelegramBot(system)
19     bot.run()
```

EchoSystemクラスは，実際にシステムの応答内容を決定するためのクラスで，このクラスのオブジェクトが先ほどのTelegramBotクラスのコンストラクタに渡されることになります．EchoSystemクラスにはコンストラクタ以外にinitial_messageとreplyの2つのメソッドがあります．initial_messageメソッドは対話開始時に呼ばれるメソッドで，replyメソッドはユーザから入力があった場合に呼ばれるメソッドです．この2つのメソッドはTelegramBotクラスで作成した辞書型オブジェクトinputを引数として受け取り，辞書型オブジェクトを返り値として返します．返り値の辞書型オブジェクトのキーはuttとendの2つであり，uttの値はシステムの応答，endの値は今回のシステムの応答で対話が終わったか否かを意味するブール型の変数です．

initial_messageメソッドでは，辞書型オブジェクトのキーuttの値に「こんにちは。対話を始めましょう。」という文字列を設定し，返り値としています．もちろん対話は終了していないので，キーendの値はFalseです．

replyメソッドについては，今回はユーザの入力をそのまま返せばよいので，inputのキーのuttの値を返り値のキーuttの値に入れています．今回の作成したシステムでは対話の終了はありませんのでendの値は常にFalseとしています．

では実際に動かしてみましょう．まずはコンソール上で以下のように入力し，TelegramのPythonライブラリをインストールしましょう．

```
$ pip3 install python-telegram-bot==12.8
```

実行は次のコマンドです．警告が出るかもしれませんが，実行には問題ありません．

```
$ python3 echo_system.py
```

では実際に話しかけてみましょう．Telegramの左上の検索窓で先ほどつけたスクリーンネームを検索し，STARTを選択すると，対話が始まります．試しに「こんにちは」と入力すると，「こんにちは」のように同じ内容が返ってくると思います．いろいろ入力して同じ内容が返ってくることを確かめてみてください（図1.11）．

実行したecho_system.pyを終了する場合は，コンソール上で`Ctrl`キーを押しながら`c`キーを押すこと（以降，`Ctrl+c`と書きます）で終了できます．

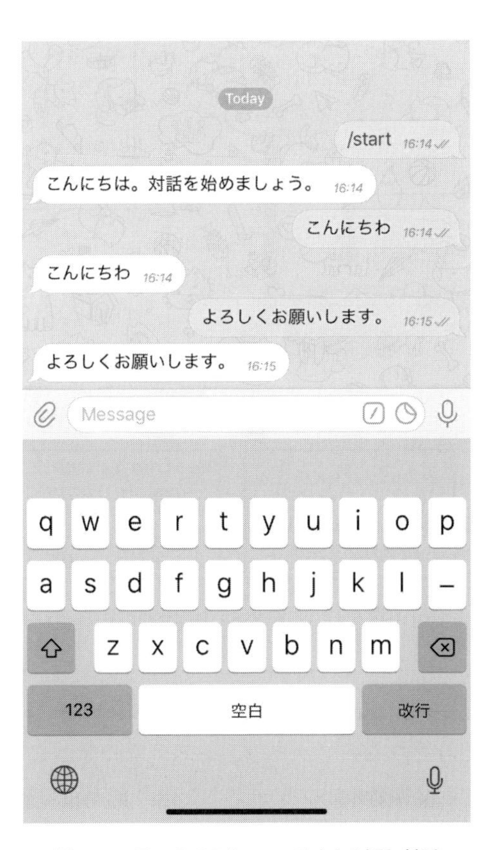

図 1.11　スマホのTelegramでオウム返し対話

1.3.6 本書における対話システムの設計指針

telegram_bot.py と echo_system.py の中身をこれまで見てきましたが，なぜオウム返しをするだけの単純なシステムに，このようなまどろっこしいやり方をしているのか，という疑問を抱いた方もいるかもしれません．

このような設計にしたのは，今後，本書で作成する対話システムのプログラムを echo_system.py と同様に「本書の対話システムの仕様」を満たすように作成することで，telegram_bot.py を変更することなく楽に Telegram 上で動作させることを可能にするためです（図 1.12）．

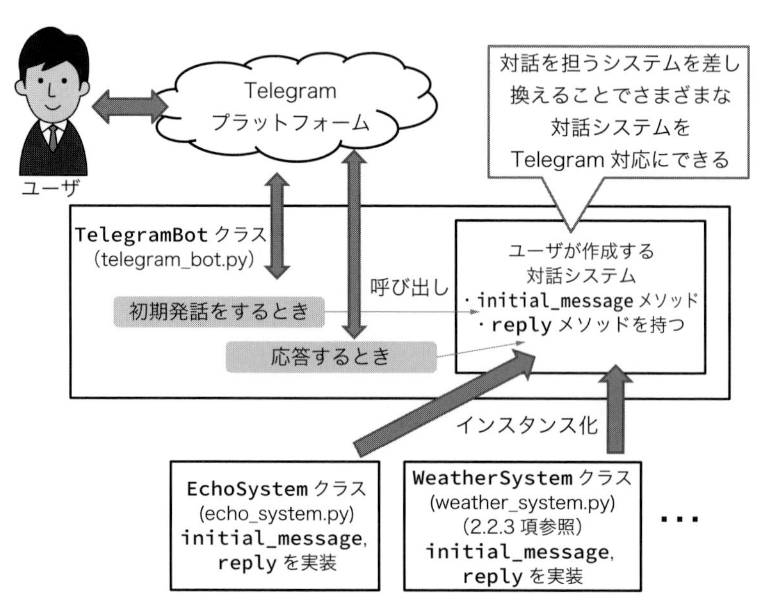

図 1.12 対話システムの設計指針

本書で作成するシステムのプログラムは，セッション ID とユーザの発話を保持する辞書型のオブジェクト `input` を引数にとる `initial_message` と `reply` の 2 つのメソッドを持ち，それぞれのメソッドは，システムの発話文と対話が終了したか否かの情報を保持する辞書型のオブジェクトを返り値として返す必要があります．

`TelegramBot` クラスはインスタンス化する際，上記の仕様を満たす対話システムのクラスのインスタンスを引数として受け取り，内部で `initial_message` メソッドと `reply` メソッドを呼び出すことでユーザの入力に対するシステムの応答を受け取り，Telegramを介してユーザとやり取りを行います．

`TelegramBot`クラスは対話システムのクラスがどのような処理をしているかは感知せず，システムの各メソッドにセッションIDとユーザの発話を渡し，システム発話と対話が終了したかという情報が得られるということだけを用いて処理を行っていることから，対話システムのプログラムを変更しても問題なく動作させることができるわけです．

Coffee break

よりひめと KELDIC

対話システムに興味を持って，最初の勉強としてこの本を手に取った人の中には「本当にこれで対話システムが作れるのか？」とか「どうせ読んでもわからないし，難しいんだろう」と思う方もいらっしゃるかもしれません．そんな人のために，ちょっと勇気の出る話をコーヒーブレイクでご紹介します．タイトルにある「よりひめ（@Yorihime）」はこの本の著者の一人である水上が，2009年（当時高専4年生）に初めて作ったTwitter上で動く雑談対話システムです．当時は対話に関する知識も技術も何もなく，単なる興味だけで対話システムを作り始め，なんとか完成させました．もう1つの「KELDIC（@KELDIC）」も著者の一人である稲葉が2011年（当時大学院生）のときに研究中の対話システムを外部公開するために作ったものです．最近では，Twitter上で動く対話システムの数も多くなり，簡単に作れるフレームワーク・サービスも多数あります．そう考えてみると，対話できるシステムを作るということのハードルは意外と低いことが感じられるでしょう．

対話システムを実際にTwitterやTelegram上で動くようにして，友達などの他のユーザに使ってもらうようになると，意外な話しかけられ方をされたり，意図せず面白い対話が生まれたりして，システムを作り続けるモチベーションにもつながります．

また，長く対話システムを稼働させているといろいろなことが起きるもので，全く事情を知らない人が本当に人間だと思ってDMを送ってきたり（LINE教えて，というメッセージが来たこともあります），話していた相手が機械だと後から気づいて驚く人が出たこともありました．逆に，対話システム特有の面白い出来事というのも起きます．より人間らしい振る舞いとして，話しかけられたとしても，適切な応答ができないときは返信を諦める機能を追加したときには，一部の人から大ブーイングをもらったこともありました（「対話システムにはどんな話でも，どんな応答でもいいので，話しかけたらいつでも必ず返事をしてほしい！」とのことでした）．ぜひみなさんも，この本を読んでオリジナルの対話システムを作り，動かして，いろんな人との対話を楽しんでみてください．

第2章 タスク指向型対話システム

タスク指向型対話システムは，対話によって所定のタスクを遂行する対話システムです．スマートフォン上の音声エージェントやAIスピーカは，雑談もある程度行うことはできますが，基本的にタスク指向型対話システムです．本章では，タスク指向型対話システムの作り方を学びます．

2.1 天気情報案内システムを作ろう

ユーザが質問すると天気の情報を返してくれる天気情報案内システムを具体例として取り上げます．単純なシステムですが**タスク指向型対話システム**の原理を理解するにはわかりやすいものです．タスク指向型対話システムとして典型的なものですので，このシステムが実現できれば他のタスクへの応用もききます．

AIスピーカがどのように利用されているかという統計を見たことがあるでしょうか．図2.1を見てください．

天気情報へのアクセスは用途として上位3位に入っています．日常的な用途に限れば，楽曲の再生に次いで2位です．天気は毎日変わるものですし，予定に合わせて天気情報を知ることは重要です．ここでは天気情報を案内する対話システムを作ってみましょう．きっとみなさんの生活の役に立つはずです．

タスク指向型対話システムを実現する方法はいくつかあります．ここでは状態遷移に基づく方法とフレームに基づく方法を紹介します．どちらも単純ながらパワフルな方法です．

2.2 状態遷移に基づくタスク指向型対話システム

最もシンプルなタスク指向型対話システムを実現する方法は，状態遷移を用い

Smart Speaker Use Case Frequency January 2018

	Have ever tried	Use monthly	Use daily
Ask a question	91%	72.9%	33.3%
Listen to streaming music service	89.5%	76.2%	41.9%
Check the weather	85.2%	69.1%	41.4%
Set a timer	71.4%	51.8%	24.1%
Listen to radio	68.8%	47.6%	25.5%
Set an alarm	65.7%	48%	25.3%
Listen to news / sports	58.1%	39.4%	14.8%
Play game or answer trivia	52.3%	31.2%	11.1%
Find a recipe or cooking instructions	49.5%	26.5%	5.1%
Use a favorite skill or assistant app	46.5%	29.8%	14.7%
Check traffic	41.2%	25.8%	7.7%
Call someone	40.7%	22.7%	10.3%
Listen to podcasts and other talk formats	40.7%	24.1%	10.1%
Control smart home devices	38.1%	29.9%	20.8%
Access my calendar	35.1%	19.6%	6.2%
Message someone	34.2%	17.9%	8.2%
Made a purchase	26%	11.5%	2.1%

Use daily
Use monthly
Have ever tried

voicebot.ai

Source: Voicebot Smart Speaker Consumer Adoption Report January 2018

図 2.1 AIスピーカの用途

（出典）https://voicebot.ai/2018/03/21/data-breakdown-consumers-use-smart-speakers-today/

るものです．このようなシステムは状態遷移ベースのシステムや，ネットワーク方式（ネットワークモデル，状態遷移モデル）の対話システムなどと呼ばれます．このやり方では，対話をいくつかの状態の遷移と捉えます．初期状態から状態を遷移していき，終了状態までたどり着けばタスク達成となります．

電話などでチケットを予約する際に，「ご予約の方は1番を押してください。お問い合わせの方は2番を押してください。」のようにボタンを押していくシステムを使ったことがある方も多いと思います．あのイメージです．チケット予約のシステムではボタンを押すと状態が変わります．そして，新しい状態でまた何かしらボタンを押して状態を遷移させていき，最終的にチケットが予約できます．対話システムでは，ボタンを押すことに相当するのがユーザ発話で，発話するごとに状態が変わっていきます．

状態遷移に基づく対話システムでは，まずシステムからユーザに発話を行います．たとえば「どこの天気が知りたいですか？」です．そして，ユーザに地名を言ってもらいます．地名が得られたら次の状態，たとえば，日付を訪ねる状態に遷移します．このようにして天気情報の提供に必要な情報をすべて聞き終えたら，それまでに得られた情報をもとに天気情報のデータベースにアクセスして，その結果をユーザに伝えます．簡単ですね．

天気情報案内システムではどのような情報をユーザから聞く必要があるでしょうか？　ここでは簡単のため3つの情報を聞き出す必要があるということにしましょう．ユーザから聞き出す情報は，**地名**，**日付**，**情報種別**ということにします．

地名は都道府県名のいずれか，日付は「今日」か「明日」のいずれかとします．情報種別は「天気」「気温」のいずれかとします．

聞き出すべき情報が決まったら，状態を作っていきます．3つの情報のそれぞれを聞き出すための状態をつくればよさそうです．また，すべての情報が集まったら天気情報を実際に伝える必要がありますので，そのための状態も1つ作ることにしましょう．全部で以下の4つの状態を作ることにします．

- 状態1．ユーザから地名を聞き出す状態（開始状態）
- 状態2．ユーザから日付を聞き出す状態
- 状態3．ユーザから情報種別を聞き出す状態
- 状態4．ユーザに天気情報を伝える状態（終了状態）

一番最初に訪れる状態のことを開始状態と呼びます．また，一番最後に訪れる状態のことを終了状態と呼びます．

この対話システムでは状態1，2，3，4の順番に状態が遷移していきます．これらを図で表したものが図2.2です．

こうした図を**ネットワーク図**もしくは**状態遷移図**と言います．専門用語では，このようにいくつか状態があり，それらの間を遷移をするもののことを**有限状態オートマトン**（**有限状態機械**とも言います）と呼びます．

有限状態オートマトンとは「有限個の状態と遷移と動作の組み合わせからなる数学的に抽象化された『ふるまいのモデル』」（出典：Wikipedia[1]）です．身の回りの多くのものが有限状態オートマトンです．自動販売機はその典型でよくプログラミングの例題としても出されます．お金を受け付ける状態，商品を選んでもらう状態などがあり，ユーザの入力によって内部の状態が変わります．

状態1（開始状態）では，状態1に紐づいた発話を行います．たとえば「地名を言ってください」です．そしてユーザからの入力を待ちます．ユーザの入力に都

[1] `https://ja.wikipedia.org/wiki/`有限オートマトン　2019年11月3日参照

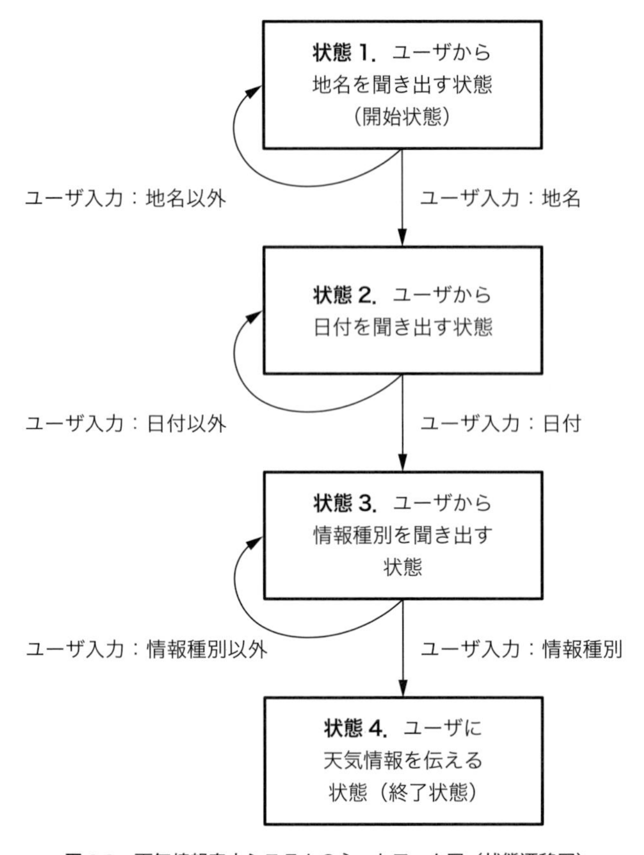

図 2.2 天気情報案内システムのネットワーク図（状態遷移図）

道府県名のいずれかが見つかれば，その情報を記憶し，次の状態に遷移します．もし都道府県名が見つからなければ再度地名を尋ねます．

状態2では日付について同様のことを行います．まず「日付を言ってください」と発話します．そして，ユーザの入力に「今日」もしくは「明日」が見つかれば，その情報を記憶し，次の状態に遷移します．「今日」もしくは「明日」が見つからなければ再度日付を尋ねます．なお，今回のシステムは今日か明日にしか対応していませんので，システムは「今日ですか明日ですか？」と発話した方がユーザから望む発言を得られるかもしれません．

状態3では情報種別について同様のことを行います．「情報種別を言ってください」と発話し，ユーザ入力に「天気」か「気温」のいずれかが見つかれば，その情報を記憶し，次の状態に遷移します．次の状態とは，ユーザに天気情報を伝える状態（終了状態）です．日付の場合と同様，システムは「天気ですか気温ですか？」と言ってもよいかもしれません．

最後の状態では，得られた地名，日付，情報種別の情報を用いて天気情報のデータベースにアクセスして天気情報を得ます．天気情報を教えてくれる外部APIは世の中にいくつもあります．これらにアクセスすることで天気の情報を得て，最後にその情報をユーザに伝えて対話は終了です．

流れはシンプルですし，簡単に理解できたと思います．次節ではこのような対話の実現方法を説明します．

2.2.1 State Chart XML

本書では**State Chart XML**（**SCXML**）という言語を用いて状態遷移を実現していきます．SCXMLというのは有限状態オートマトンを記述するための言語です．状態の設計や管理は意外に面倒なものですので，そのようなニーズに対応するため，有限状態オートマトンを記述するための言語が策定されているのです．

SCXMLはインターネットの標準を定める**World Wide Web Consortium**（**W3C**）が策定しており，対話システムやマルチモーダルアプリケーションの遷移図を書くための記法として広く利用されています．覚えておいて損はありません．

先ほど示した天気情報案内システムの状態遷移図をSCXMLで書くと以下のようになります．

プログラム 2.1 states.scxml

```
1  <?xml version="1.0" encoding="UTF-8"?>
2  <scxml xmlns="http://www.w3.org/2005/07/scxml" version="1.0" initial="
       ask_place">
3    <state id="ask_place">
4      <transition event="place" target="ask_date"/>
5    </state>
6    <state id="ask_date">
7      <transition event="date" target="ask_type"/>
8    </state>
9    <state id="ask_type">
10     <transition event="type" target="tell_info"/>
11   </state>
```

```
12    <final id="tell_info"/>
13  </scxml>
```

このSCXMLにおいて，<state>...</state>や<final>...</final>が各状態に該当します．状態が4つ定義されているということがわかると思います．それぞれidの属性により名前が付けられています．ask_placeが地名を尋ねる状態，ask_dateが日付を訪ねる状態，ask_typeが情報種別を訪ねる状態，tell_infoが情報を伝達する状態です．

SCXMLではここで示したものよりもっと複雑な状態遷移を記述することができます．興味を持った方は，W3Cのドキュメント[2]を参照してみてください．

states.scxmlを上から詳しく説明していきます．

```
<?xml version="1.0" encoding="UTF-8"?>
<scxml xmlns="http://www.w3.org/2005/07/scxml" version="1.0" initial="
    ask_place">
```

ここではXMLファイルとしてのヘッダーやネームスペースについて記述しています．initial="ask_place"は状態遷移の開始状態がask_place（地名を尋ねる状態）であることを示しています．

```
  <state id="ask_place">
    <transition event="place" target="ask_date"/>
  </state>
```

ここでは地名を尋ねる状態の定義をしています．transition要素では，どのようなイベントが生じたときにどの状態に遷移するかを記述します．ユーザの発話が都道府県名を含んでいる場合にplaceというイベントが発生するとしましょう．そうしたとき，ask_placeからask_date（日付を尋ねる状態）に遷移するように指定しています．それ以外のイベントの場合には遷移はおきません．たとえば，地名以外を言ってしまった場合などは状態が変わりません．よって，場所を尋ねる状態のままですので，再度場所を聞くことになります．

[2]https://www.w3.org/TR/scxml/

ask_date，ask_type については基本的に同様ですので説明は省略します．

```
    <final id="tell_info"/>
```

tell_info は天気情報を伝える状態です．この状態は終了状態ですので state ではなく final というタグ名を用いています．

2.2.2　SCXMLを用いたプログラム

SCXML を読み込んで動作する対話システムを作っていきましょう．プログラムのフローは以下のようになります．

- ステップ 1．states.scxml を読み込んで開始状態に遷移する．
- ステップ 2．システムは現在の状態に紐づいた発話を行う．
- ステップ 3．ユーザ発話を受け付けてイベントに変換する．地名が入っていれば place，今日か明日が入っていれば date，天気か気温が入っていれば type というイベントを発生させ，状態を遷移させる．
- ステップ 4．tell_info の状態に到達していれば，これまでに得られた地名，日付，情報種別をもとに外部 API にアクセスし，その情報をユーザに伝える．そうでない場合はステップ 2 に戻る．

このフローを実施するプログラムを紹介する前に，Python で SCXML を扱うためのモジュールをインストールしましょう．

Python で GUI を作成するためによく用いられる **Qt**（キュートと読みます）のライブラリに入っている SCXML の処理系を利用します．Qt for Python（PySide2 と呼ばれています）には QScxmlStateMachine というクラスがあり，これが有限状態オートマトンを表すクラスです．ほかにも SCXML を扱うことができるライブラリもあるのですが，Python3 に対応していなかったり，開発が止まっていてメンテナンスされていなかったりするため，ここでは PySide2 を用いることにします．

PySide2 は pip でインストールできます．

```
$ pip3 install PySide2
```

PySide2を用いたプログラムは以下のようになります．このプログラムはコンソールで対話できるプログラムです．

プログラム 2.2 weather1.py

```
1  import sys
2  from PySide2 import QtCore, QtScxml
3
4  # Qtに関するおまじない
5  app = QtCore.QCoreApplication()
6  el = QtCore.QEventLoop()
7
8  # SCXMLファイルの読み込み
9  sm = QtScxml.QScxmlStateMachine.fromFile('states.scxml')
10
11 # 初期状態に遷移
12 sm.start()
13 el.processEvents()
14
15 # システムプロンプト
16 print("SYS> こちらは天気情報案内システムです")
17
18 # 状態とシステム発話を紐づけた辞書
19 uttdic = {"ask_place": "地名を言ってください",
20           "ask_date": "日付を言ってください",
21           "ask_type": "情報種別を言ってください"}
22
23 # 初期状態の取得
24 current_state = sm.activeStateNames()[0]
25 print("current_state=", current_state)
26
27 # 初期状態に紐づいたシステム発話の取得と出力
28 sysutt = uttdic[current_state]
29 print("SYS>", sysutt)
30
31 # ユーザ入力の処理
32 while True:
33     text = input("> ")
34     # ユーザ入力を用いて状態遷移
35     sm.submitEvent(text)
36     el.processEvents()
```

```
37
38      # 遷移先の状態を取得
39      current_state = sm.activeStateNames()[0]
40      print("current_state=", current_state)
41
42      # 遷移先がtell_infoの場合は情報を伝えて終了
43      if current_state == "tell_info":
44          print("天気をお伝えします")
45          break
46      else:
47          # その他の遷移先の場合は状態に紐づいたシステム発話を生成
48          sysutt = uttdic[current_state]
49          print("SYS>", sysutt)
50
51  # 終了発話
52  print("ご利用ありがとうございました")
```

ここは流れを確認するプログラムになっていますので，ユーザは自由発話（ユーザの自由入力による発話）ではなく place, date, info というイベント名を表す文字列を入力するという想定です．つまり，ユーザは言葉で地名を伝える代わりに「place」と入力するということです．

プログラムについて，PySide2 を用いている箇所を中心に説明しておきます．

5〜6 行目はおまじないだと考えてください．Qt を用いたアプリケーションでは，メインとなるアプリケーションのインスタンスが必要です．そのため app を作っています．また，Qt のモジュールは一般にイベントを受け取って処理を進める設計になっているのですが，el はその処理を進めるために必要なものです．

9〜13 行目では，SCXML のファイルを読み込んで有限状態オートマトンを作り，それを起動しています．el.processEvents() は Qt アプリケーションにおいて処理を進めるために必要な記述です．

24〜25 行目ではデバッグのために現在の状態を表示しています．sm.activeStateNames()[0] で現在の状態の名前を取得できます．ここでは開始状態にいますので ask_place と表示されます．

35〜40 行目ですが，ユーザ入力は text と言う変数に入っています．その text をイベントとして有限状態オートマトンに送っています．思い出してほしいのですが，states.scxml には以下のように書いてありました．

```
<state id="ask_place">
  <transition event="place" target="ask_date"/>
</state>
```

つまり，ask_dateでは，placeというイベントを受け取るとask_dateに遷移します．本プログラムではユーザが「place」と入力するとask_dateに遷移することになります．

本書の作業フォルダであるdsbookフォルダに移動し，weather1.pyを実行すると以下のようになります．

```
$ python3 weather1.py
SYS> こちらは天気情報案内システムです
current_state= ask_place
SYS> 地名を言ってください
> place
current_state= ask_date
SYS> 日付を言ってください
> date
current_state= ask_type
SYS> 情報種別を言ってください
> type
current_state= tell_info
天気をお伝えします
ご利用ありがとうございました
```

途中にデバッグのために現在の状態を表示していますが（current_stateから始まる行），初期状態がask_placeであり，ユーザがplaceを入力すると，ask_dateに遷移していることがわかります．また，dateとユーザが入力するとask_typeに遷移していることがわかります．このように，place, date, typeといった入力に対して適切に状態が遷移できていることが確認できます．

このプログラムは自由発話に対応していませんが，これをベースに自由発話に対応可能なシステムにしていきましょう．

具体的にはtextを処理するところを変えていきます．現在は，ユーザが「place」とか「date」といった文字列を入力することを想定していますが，今度はユーザが「大阪です」とか「明日なんですけど」などと入力するようになりますので，これらの発話をplaceやdateというイベント名に変換する処理が必要になります．具体的には，textを受け取って処理するところを以下のように変更します．

```
text = input("> ")
# ユーザ入力を用いて状態遷移
if current_state == "ask_place":
    place = get_place(text)
    if place != "":
        sm.submitEvent("place")
        el.processEvents()
elif current_state == "ask_date":
    date = get_date(text)
    if date != "":
        sm.submitEvent("date")
        el.processEvents()
elif current_state == "ask_type":
    _type = get_type(text)
    if _type != "":
        sm.submitEvent("type")
        el.processEvents()
```

ここで，get_place, get_date, get_typeはそれぞれ，テキストから都道府県名，「今日」もしくは「明日」，「天気」もしくは「気温」を抽出する関数です．これらはプログラムの冒頭に以下のように定義しておきます．

```
# 都道府県名のリスト
prefs = ['三重', '京都', '佐賀', '兵庫', '北海道', '千葉', '和歌山',
         '埼玉', '大分', '大阪', '奈良', '宮城', '宮崎', '富山', '山口',
         '山形', '山梨', '岐阜', '岡山', '岩手', '島根', '広島', '徳島',
         '愛媛', '愛知', '新潟', '東京', '栃木', '沖縄', '滋賀', '熊本',
         '石川', '神奈川', '福井', '福岡', '福島', '秋田', '群馬', '茨城',
         '長崎', '長野', '青森', '静岡', '香川', '高知', '鳥取', '鹿児島']

# テキストから都道府県名を抽出する関数．見つからない場合は空文字を返す．
def get_place(text):
    for pref in prefs:
        if pref in text:
            return pref
    return ""
```

```
# テキストに「今日」もしくは「明日」があればそれを返す.見つからない場合は空文字を
    返す.
def get_date(text):
    if "今日" in text:
        return "今日"
    elif "明日" in text:
        return "明日"
    else:
        return ""

# テキストに「天気」もしくは「気温」があればそれを返す.見つからない場合は空文字を
    返す.
def get_type(text):
    if "天気" in text:
        return "天気"
    elif "気温" in text:
        return "気温"
    else:
        return ""
```

get_placeは都道府県名のリストを用いて，textに都道府県が見つかればそれを返す関数です．get_dateは，textに「今日」が入っていたら「今日」，「明日」が入っていたら「明日」を返す関数です．get_typeは，textに「天気」が入っていたら「天気」，「気温」が入っていたら「気温」を返す関数です．

地名や日付については，文章を形態素解析して抽出することも可能ですが，真剣に取り組みだすと意外に難しい課題です．場所の言い方は都道府県以外にも市町村やランドマーク，駅名などもあり得ますし，日付は相対日付（明日，明後日，3日後，1週間後）や絶対日付（何年何月何日），曜日で言ったりする場合があるからです．ここでは，あまり高度なことはせず，所定のキーワードが入っているかどうかで判定する割り切った作りにしています．

自由発話を扱う処理を加えたプログラム（weather2.py）を実行した結果は以下のようになります．

```
$ python3 weather2.py
SYS> こちらは天気情報案内システムです
```

```
current_state= ask_place
SYS> 地名を言ってください
> 大阪です
current_state= ask_date
SYS> 日付を言ってください
> 明日です
current_state= ask_type
SYS> 情報種別を言ってください
> 気温です
current_state= tell_info
天気をお伝えします
ご利用ありがとうございました
```

自由発話を入れていますが，これらが`place`, `date`, `type`のイベントとして認識され，状態が遷移できていることがわかります．

ここまでできたら，あとは天気情報を取得してユーザに伝えるところを作れば天気情報案内システムは完成です．

天気情報を獲得するための外部APIには，**OpenWeatherMap**が提供しているAPIを利用することにしましょう．Yahoo! やリクルート社も天気情報のAPIを提供していますので，これらを使うことも可能です．なお，こうした外部知識源のことを**バックエンドデータベース**（もしくは，単にバックエンド）と言います．目的に沿ったバックエンドデータベースを用意できることはかなり重要です．商用サービスであれば，信頼性の高いバックエンドデータベースを準備することが大事です．

OpenWeatherMapのAPIを利用するためにはユーザ登録が必要です．`https://openweathermap.org/`のサイト（図2.3）からユーザ登録（登録はメールアドレスのみでOKです）をしましょう．そうすると，登録したメールアドレスにAPIキー（APPIDと呼びます）が送られてきます．このAPPIDを用いてOpenWeatherMapにアクセスします．

なお，ユーザ登録してもアクティベートされるまでしばらくかかるのでAPIが使えるようになるまで待ちましょう．

このAPIの使い方は簡単で，指定されたエンドポイント（APIのURI）に対し，地名，緯度・経度，日付などの引数にAPPIDをつけてGETするだけです．

たとえば，「現在の天気」を知りたい場合は以下にアクセスします．lang要素を

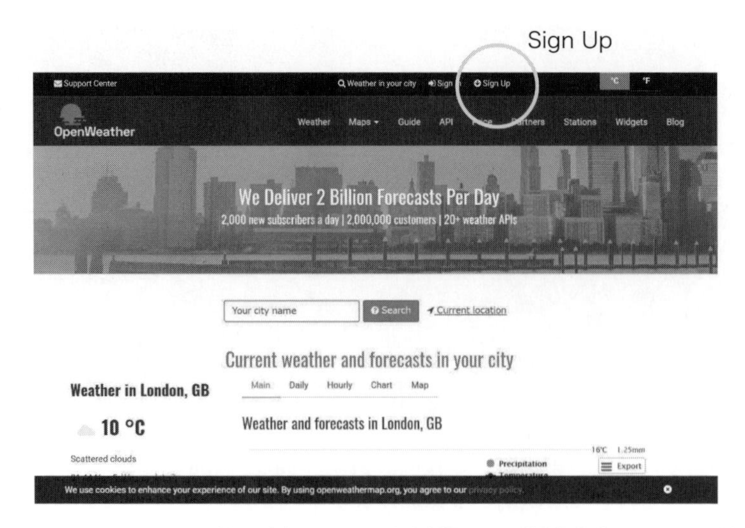

図 2.3 OpenWeatherMap のサイト．上部の Sign Up から新規にユーザ登録をする．Sign Up が見当たらない場合は，上部の Sign In を選択し，その後 Create an Account を選択する．

入れておくと日本語の説明文が出力されます．また，units=metric の指定は気温を摂氏で取得するためです．

```
http://api.openweathermap.org/data/2.5/weather?地名に関する引
数&lang=ja&units=metric&APPID=自身の APPID
```

北海道の天気を知りたい場合を考えましょう．県庁所在地である札幌市の緯度（latitude）は 43.06，経度（longditude）は 141.35 ですので，以下のようにアクセスすればよいことになります．

```
http://api.openweathermap.org/data/2.5/weather?lat=43.06&lon=
141.35&lang=ja&units=metric&APPID=自身の APPID
```

この場合，以下のような json（ジェイソン）形式のデータが返ってきます．json とは，JavaScript Object Notation の略でデータ形式の一種です．インターネット上の通信によく利用されます．

```
{
  "coord": {
```

```
      "lon": 141.35,
      "lat": 43.06
    },
    "weather": [
      {
        "id": 520,
        "main": "Rain",
        "description": "弱いにわか雨",
        "icon": "09d"
      },
      {
        "id": 701,
        "main": "Mist",
        "description": "霧",
        "icon": "50d"
      }
    ],
    "base": "stations",
    "main": {
      "temp": 19.1,
      "pressure": 1007,
      "humidity": 93,
      "temp_min": 18,
      "temp_max": 21
    },
    "visibility": 5000,
    "wind": {
      "speed": 4.6,
      "deg": 210
    },
    "clouds": {
      "all": 75
    },
    "dt": 1563095114,
    "sys": {
      "type": 1,
      "id": 7973,
      "message": 0.0116,
      "country": "JP",
      "sunrise": 1563044830,
      "sunset": 1563099189
```

```
    },
    "timezone": 32400,
    "id": 2128295,
    "name": "Sapporo-shi",
    "cod": 200
}
```

現在の天気に関するさまざまな情報が入っていますが，weather 要素の description に“弱いにわか雨”と書いてあります．この要素が天気情報を表しています．また，気温ですが，main 要素の temp に気温が入っています．19.1度ということがわかります．今回は用いませんが，temp_min と temp_max にはそれぞれ最低気温と最高気温が入っています．

「現在の天気」ではなく，明日の天気を知りたい場合は「天気予報」のAPIを利用します．エンドポイントが http://api.openweathermap.org/data/2.5/forecast となり，先ほどとは異なるので注意してください．

北海道の場合，以下にアクセスすればよいことになります．

```
http://api.openweathermap.org/data/2.5/forecast?lat=43.06&lon
=141.35&lang=ja&units=metric&APPID=自身の APPID
```

返ってきたjsonの中に3時間おきの予報情報がリスト型のデータとして格納されていますので，その中から明日の予報の部分を取得すれば明日の天気の情報がわかります．今回は，明日の正午付近の天気を取得することにします．

次の get_current_weather と get_tomorrow_weather は，緯度と経度を引数としてOpenWeatherMapにアクセスし，今日，明日の天気情報を返す関数です．

```
def get_current_weather(lat,lon):
    # 天気情報を取得
    response = requests.get("{}?lat={}&lon={}&lang=ja&units=metric&
        APPID={}".format(current_weather_url,lat,lon,appid))
    return response.json()

def get_tomorrow_weather(lat,lon):
    # 今日の時間を取得
    today = datetime.today()
```

```
    # 明日の時間を取得
    tomorrow = today + timedelta(days=1)
    # 明日の正午の時間を取得
    tomorrow_noon = datetime.combine(tomorrow, time(12,0))
    # UNIX 時間に変換
    timestamp = tomorrow_noon.timestamp()
    # 天気情報を取得
    response = requests.get("{}?lat={}&lon={}&lang=ja&units=metric&
        APPID={}".format(forecast_url,lat,lon,appid))
    dic = response.json()
    # 3時間おきの天気情報についてループ
    for i in range(len(dic["list"])):
        # i番目の天気情報（UNIX 時間）
        dt = float(dic["list"][i]["dt"])
        # 明日の正午以降のデータになった時点でその天気情報を返す
        if dt >= timestamp:
            return dic["list"][i]
    return ""
```

たとえば，以下のように使うことで，今日の北海道の天気を得ることができます．cwは現在の天気（current weather）という意味です．

```
cw = get_current_weather(43.06,141.35)
print(cw["weather"][0]["description"])
```

このプログラムの場合，「弱いにわか雨」（先ほど説明に用いたjsonの場合）と表示されます．明日の北海道の気温を得るには以下のようにします．

```
tw = get_tomorrow_weather(43.06,141.35)
print(cw["main"]["temp"])
```

執筆時点において，筆者の手元では「16.75」と表示されました．予報では，明日の北海道は16.75度ということです．

さて，準備はできたのですべてを組み込んでいきましょう．最終的なプログラムは以下のようになります．

プログラム 2.3 weather3.py

```
1  import sys
2  from PySide2 import QtCore, QtScxml
3  import requests
4  import json
5  from datetime import datetime, timedelta, time
6
7  # 都道府県名のリスト
8  prefs = ['三重',..., '鹿児島'] # 長いので省略しています
9
10 # 都道府県名から緯度と経度を取得するための辞書
11 latlondic = {'北海道': (43.06, 141.35), '青森': (40.82, 140.74),
                     '岩手': (39.7, 141.15), '宮城': (38.27, 140.87),
12               '秋田': (39.72, 140.1), '山形': (38.24, 140.36),
                     '福島': (37.75, 140.47), '茨城': (36.34, 140.45),
13               '栃木': (36.57, 139.88), '群馬': (36.39, 139.06),
                     '埼玉': (35.86, 139.65), '千葉': (35.61, 140.12),
14               '東京': (35.69, 139.69), '神奈川': (35.45, 139.64),
                     '新潟': (37.9, 139.02), '富山': (36.7, 137.21),
15               '石川': (36.59, 136.63), '福井': (36.07, 136.22),
                     '山梨': (35.66, 138.57), '長野': (36.65, 138.18),
16               '岐阜': (35.39, 136.72), '静岡': (34.98, 138.38),
                     '愛知': (35.18, 136.91), '三重': (34.73, 136.51),
17               '滋賀': (35.0, 135.87), '京都': (35.02, 135.76),
                     '大阪': (34.69, 135.52), '兵庫': (34.69, 135.18),
18               '奈良': (34.69, 135.83), '和歌山': (34.23, 135.17),
                     '鳥取': (35.5, 134.24), '島根': (35.47, 133.05),
19               '岡山': (34.66, 133.93), '広島': (34.4, 132.46),
                     '山口': (34.19, 131.47), '徳島': (34.07, 134.56),
20               '香川': (34.34, 134.04), '愛媛': (33.84, 132.77),
                     '高知': (33.56, 133.53), '福岡': (33.61, 130.42),
21               '佐賀': (33.25, 130.3), '長崎': (32.74, 129.87),
                     '熊本': (32.79, 130.74), '大分': (33.24, 131.61),
22               '宮崎': (31.91, 131.42), '鹿児島': (31.56, 130.56),
                     '沖縄': (26.21, 127.68)}
23
24 current_weather_url = 'http://api.openweathermap.org/data/2.5/weather'
25 forecast_url = 'http://api.openweathermap.org/data/2.5/forecast'
26 appid = '' # 自身のAPPIDを入れてください
27
28 # テキストから都道府県名を抽出する関数．見つからない場合は空文字を返す．
```

```
29 def get_place(text):
30     for pref in prefs:
31         if pref in text:
32             return pref
33     return ""
34 
35 # テキストに「今日」もしくは「明日」があればそれを返す．見つからない場合は空文字を
       返す．
36 def get_date(text):
37     if "今日" in text:
38         return "今日"
39     elif "明日" in text:
40         return "明日"
41     else:
42         return ""
43 
44 # テキストに「天気」もしくは「気温」があればそれを返す．見つからない場合は空文字を
       返す．
45 def get_type(text):
46     if "天気" in text:
47         return "天気"
48     elif "気温" in text:
49         return "気温"
50     else:
51         return ""
52 
53 def get_current_weather(lat,lon):
54     # 天気情報を取得
55     response = requests.get("{}?lat={}&lon={}&lang=ja&units=metric&
           APPID={}".format(current_weather_url,lat,lon,appid))
56     return response.json()
57 
58 def get_tomorrow_weather(lat,lon):
59     # 今日の時間を取得
60     today = datetime.today()
61     # 明日の時間を取得
62     tomorrow = today + timedelta(days=1)
63     # 明日の正午の時間を取得
64     tomorrow_noon = datetime.combine(tomorrow, time(12,0))
65     # UNIX 時間に変換
66     timestamp = tomorrow_noon.timestamp()
```

```
67      # 天気情報を取得
68      response = requests.get("{}?lat={}&lon={}&lang=ja&units=metric&
            APPID={}".format(forecast_url,lat,lon,appid))
69      dic = response.json()
70      # 3時間おきの天気情報についてループ
71      for i in range(len(dic["list"])):
72          # i番目の天気情報（UNIX時間）
73          dt = float(dic["list"][i]["dt"])
74          # 明日の正午以降のデータになった時点でその天気情報を返す
75          if dt >= timestamp:
76              return dic["list"][i]
77      return ""
78
79  # Qtに関するおまじない
80  app = QtCore.QCoreApplication()
81  el = QtCore.QEventLoop()
82
83  # SCXMLファイルの読み込み
84  sm = QtScxml.QScxmlStateMachine.fromFile('states.scxml')
85
86  # 初期状態に遷移
87  sm.start()
88  el.processEvents()
89
90  # システムプロンプト
91  print("SYS> こちらは天気情報案内システムです")
92
93  # 状態とシステム発話を紐づけた辞書
94  uttdic = {"ask_place": "地名を言ってください",
95            "ask_date": "日付を言ってください",
96            "ask_type": "情報種別を言ってください"}
97
98  # 初期状態の取得
99  current_state = sm.activeStateNames()[0]
100 print("current_state=", current_state)
101
102 # 初期状態に紐づいたシステム発話の取得と出力
103 sysutt = uttdic[current_state]
104 print("SYS>", sysutt)
105
106 # ユーザ入力の処理
```

```
107 while True:
108     text = input("> ")
109 
110     # ユーザ入力を用いて状態遷移
111     if current_state == "ask_place":
112         place = get_place(text)
113         if place != "":
114             sm.submitEvent("place")
115             el.processEvents()
116     elif current_state == "ask_date":
117         date = get_date(text)
118         if date != "":
119             sm.submitEvent("date")
120             el.processEvents()
121     elif current_state == "ask_type":
122         _type = get_type(text)
123         if _type != "":
124             sm.submitEvent("type")
125             el.processEvents()
126 
127     # 遷移先の状態を取得
128     current_state = sm.activeStateNames()[0]
129     print("current_state=", current_state)
130 
131     # 遷移先がtell_infoの場合は情報を伝えて終了
132     if current_state == "tell_info":
133         print("お伝えします")
134         lat = latlondic[place][0] # placeから緯度を取得
135         lon = latlondic[place][1] # placeから経度を取得
136         if date == "今日":
137             print("lat=",lat,"lon=",lon)
138             cw = get_current_weather(lat,lon)
139             if _type == "天気":
140                 print(cw["weather"][0]["description"]+"です")
141             elif _type == "気温":
142                 print(str(cw["main"]["temp"])+"度です")
143         elif date == "明日":
144             tw = get_tomorrow_weather(lat,lon)
145             if _type == "天気":
146                 print(tw["weather"][0]["description"]+"です")
147             elif _type == "気温":
```

```
148                 print(str(tw["main"]["temp"])+"度です")
149         break
150     else:
151         # その他の遷移先の場合は状態に紐づいたシステム発話を生成
152         sysutt = uttdic[current_state]
153         print("SYS>", sysutt)
154 
155 # 終了発話
156 print("ご利用ありがとうございました")
```

OpenWeatherMapは海外のサービスですので基本的に日本語の地名を扱うことができません．よって，都道府県名を緯度・経度に変換する自作の辞書を用いて変換し，検索に用いるようにしています．緯度・経度データはここでは省庁が公開しているオープンデータのものを利用しました．

以下はこのプログラムと対話した例です．dsbookフォルダから実行してみてください．このプログラムは`requests`というモジュールを用いていますので，実行前に`pip`で入れておきましょう．なお，すでにインストールされている場合もあります．

```
$ pip3 install requests
```

なお，OpenWeatherMapのAPPIDはご自身のものを入れる必要があります．weather3.pyをテキストエディタで開き，APPIDの箇所を埋めた上で実行してください．ちゃんと天気を聞くことができていますね．

```
$ python3 weather3.py
SYS> こちらは天気情報案内システムです
current_state= ask_place
SYS> 地名を言ってください
> 沖縄です
current_state= ask_date
SYS> 日付を言ってください
> 明日です
current_state= ask_type
SYS> 情報種別を言ってください
> 天気です
current_state= tell_info
お伝えします
```

```
lat= 26.21 lon= 127.68
晴天です
ご利用ありがとうございました
```

2.2.3 Telegramへの組み込み

このプログラムを Telegram から利用できるようにしましょう．

本書の設計指針（1.3.6 項参照）に従い，このプログラムをクラス化し，`initial_message` 関数と `reply` 関数を実装する必要があります．少し冗長かもしれませんが，クラス化したコードを以下に載せます．

プログラム 2.4 weather_system.py

```
1  import sys
2  from PySide2 import QtCore, QtScxml
3  import requests
4  import json
5  from datetime import datetime, timedelta, time
6  from telegram.ext import Updater, CommandHandler, MessageHandler,
       Filters
7  from telegram_bot import TelegramBot
8
9  class WeatherSystem:
10
11     prefs = ['三重', ..., '鹿児島'] # 長いので省略しています
12
13     latlondic = {'北海道': (43.06, 141.35), ..., '沖縄': (26.21,
           127.68)} # 長いので省略しています
14
15     uttdic = {"ask_place": "地名を言ってください",
16               "ask_date": "日付を言ってください",
17               "ask_type": "情報種別を言ってください"}
18
19     current_weather_url = 'http://api.openweathermap.org/data/2.5/
           weather'
20     forecast_url = 'http://api.openweathermap.org/data/2.5/forecast'
21     appid = '' # 自身のAPPIDを入れてください
22
23     def __init__(self):
```

```
24         app = QtCore.QCoreApplication()
25         self.sessiondic = {}
26 
27     def get_place(self, text):
28         for pref in self.prefs:
29             if pref in text:
30                 return pref
31         return ""
32 
33     def get_date(self, text):
34         if "今日" in text:
35             return "今日"
36         elif "明日" in text:
37             return "明日"
38         else:
39             return ""
40 
41     def get_type(self, text):
42         if "天気" in text:
43             return "天気"
44         elif "気温" in text:
45             return "気温"
46         else:
47             return ""
48 
49     def get_current_weather(self, lat,lon):
50         response = requests.get("{}?lat={}&lon={}&lang=ja&units=metric&
               APPID={}".format(self.current_weather_url,lat,lon,self.
               appid))
51         return response.json()
52 
53     def get_tomorrow_weather(self, lat,lon):
54         today = datetime.today()
55         tomorrow = today + timedelta(days=1)
56         tomorrow_noon = datetime.combine(tomorrow, time(12,0))
57         timestamp = tomorrow_noon.timestamp()
58         response = requests.get("{}?lat={}&lon={}&lang=ja&units=metric&
               APPID={}".format(self.forecast_url,lat,lon,self.appid))
59         dic = response.json()
60         for i in range(len(dic["list"])):
61             dt = float(dic["list"][i]["dt"])
```

```
62              if dt >= timestamp:
63                  return dic["list"][i]
64          return ""
65
66      def initial_message(self, input):
67          text = input["utt"]
68          sessionId = input["sessionId"]
69
70          self.el = QtCore.QEventLoop()
71
72          sm = QtScxml.QScxmlStateMachine.fromFile('states.scxml')
73          self.sessiondic[sessionId] = sm
74
75          sm.start()
76          self.el.processEvents()
77
78          current_state = sm.activeStateNames()[0]
79          print("current_state=", current_state)
80
81          sysutt = self.uttdic[current_state]
82
83          return {"utt":"こちらは天気情報案内システムです。" + sysutt, "end":
                False}
84
85      def reply(self, input):
86          text = input["utt"]
87          sessionId = input["sessionId"]
88
89          sm = self.sessiondic[sessionId]
90          current_state = sm.activeStateNames()[0]
91          print("current_state=", current_state)
92
93          if current_state == "ask_place":
94              self.place = self.get_place(text)
95              if self.place != "":
96                  sm.submitEvent("place")
97                  self.el.processEvents()
98          elif current_state == "ask_date":
99              self.date = self.get_date(text)
100             if self.date != "":
101                 sm.submitEvent("date")
```

```
102                 self.el.processEvents()
103         elif current_state == "ask_type":
104             self._type = self.get_type(text)
105             if self._type != "":
106                 sm.submitEvent("type")
107                 self.el.processEvents()
108 
109         current_state = sm.activeStateNames()[0]
110         print("current_state=", current_state)
111 
112         if current_state == "tell_info":
113             utts = []
114             utts.append("お伝えします")
115             lat = self.latlondic[self.place][0]
116             lon = self.latlondic[self.place][1]
117             if self.date == "今日":
118                 print("lat=",lat,"lon=",lon)
119                 cw = self.get_current_weather(lat,lon)
120                 if self._type == "天気":
121                     utts.append(cw["weather"][0]["description"]+"です")
122                 elif self._type == "気温":
123                     utts.append(str(cw["main"]["temp"])+"度です")
124             elif self.date == "明日":
125                 tw = self.get_tomorrow_weather(lat,lon)
126                 if self._type == "天気":
127                     utts.append(tw["weather"][0]["description"]+"です")
128                 elif self._type == "気温":
129                     utts.append(str(tw["main"]["temp"])+"度です")
130             utts.append("ご利用ありがとうございました")
131             return {"utt":"。".join(utts), "end": True}
132 
133         else:
134             sysutt = self.uttdic[current_state]
135             return {"utt":sysutt, "end": False}
136 
137 if __name__ == '__main__':
138     system = WeatherSystem()
139     bot = TelegramBot(system)
140     bot.run()
```

このプログラムを実行するとシステムが立ち上がります．実行をする際には，telegram_bot.pyが同じフォルダにあること（dsbookフォルダで作業していれば同じフォルダにあるはずです），telegram_bot.pyの中に自身のボットのアクセストークンが記入されているかを確認しておいてください．

```
$ python3 weather_system.py
```

Telegramのアプリを立ち上げて，自身のボットを呼び出して会話をしてみます．「/start」と入力すると対話を始めることができます．図2.4は，Telegramで天気情報を聞いている様子を示したスクリーンショットです．ちゃんと天気情報を聞くことができていますね．

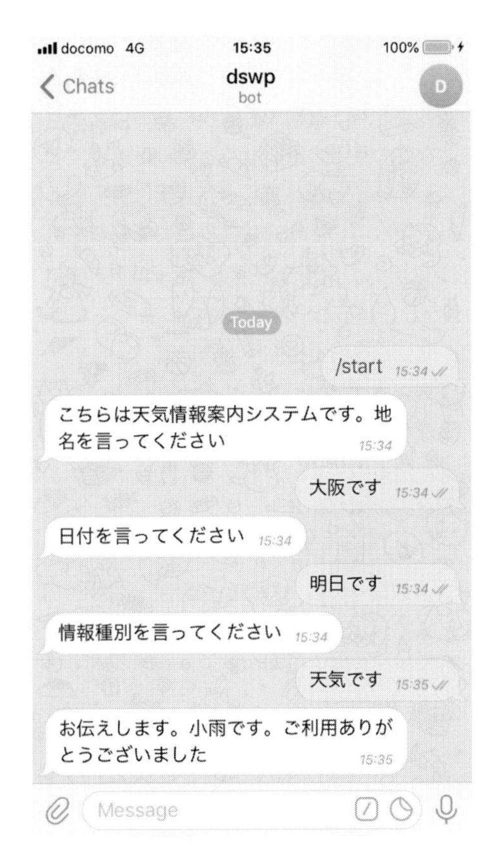

図 2.4 Telegramで状態遷移に基づくタスク指向型対話システムに天気情報を聞いている様子

ここまでが状態遷移に基づくタスク指向型対話システムの作り方の説明です．状態遷移モデルはシンプルですが非常にパワフルです．ぜひ自分自身で状態を設計し，タスク指向型対話システムを作ってみてください．

Coffee break

被験者実験

著者の東中が対話システムの研究を始めたころの話ですが，音声対話を扱っていたこともあり，対話実験は大変でした．まず被験者を募集して，集まったら一人ずつ研究所の入り口に迎えに行き，手順などを説明したり同意書を埋めてもらったりして，休憩をはさみつつシステムと対話を十数回ほどしてもらい，対話ごとにアンケートで評価値を取ります．最後に謝礼を手渡して一人完了です．これを何十人分と繰り返すのです．

もちろん，研究者だけでは人手が足りないときも多くあります．そういったときは研究を補助する会社に委託し，業務を手伝ってもらいます．これはお金がかかります．被験者実験においてもう１つ重要なことは倫理審査です．倫理審査についてあまりなじみのない方もいるかと思いますが，人間に負担のかかるような実験を行うときには，研究組織に設けられた倫理審査委員会の審査を受けることになっているのです．音声対話システムの音声を聞き続けると精神的につらくなってきてしまったり，変な応答ばかりされるといやな気持ちになってくることもあるでしょう．またヘッドセットでシステムの音声を聞く場合は耳への負担も考えておく必要があります．こうした倫理審査には書類の準備や審査に時間がかかります．システム構築から，実験計画，倫理審査，そして，実験自体という長い道のりを経て，ようやくシステムの評価結果が出るのです．よい結果が出たときはよいのですが，残念な結果になることも往々にしてあります．

被験者実験をどのように大規模に低コストで実現するかは今でも大きな課題です．現在，Amazonは膨大な数のAIスピーカを世界中に展開しています．これは大規模な被験者実験と言えるでしょう．大量の対話データが収集できるだけでなく，AIスピーカの性能をより正確に評価できる仕組みを整えていっていると言えます．各社がAIスピーカを世の中に出してきているのも，被験者実験を行いたいという思惑が背後にあるでしょう．

2.3 フレームに基づくタスク指向型対話システム

状態遷移に基づくタスク指向型対話システムでは，1つずつ状態を遷移していくためにユーザが一度に複数の情報を伝えられないという問題があります．これは結構不便なものですし，時間がないときなどにはイライラしたりしてしまうでしょう．また，システム主導型の対話となり，ユーザは問い詰められているように感じることがあります．

ここではフレームに基づくタスク指向型対話システムについて説明します．このやり方ではフレームと呼ばれるデータ構造を用いて対話を行います．

フレームとは複数の**スロット**（属性と値の対）からなる構造です．図2.5は天気情報案内システムにおいて想定されるフレームです．天気情報案内では，地名，日付，情報種別を聞き取る必要がありますので，それらをスロットの属性として持っています．値は最初は空になっています．これらが対話によって埋められていき，タスクが達成されるという具合です．

スロット名	スロット値
地名	
日付	
情報種別	

図 2.5 フレーム表現

フレームは，どこから埋められても構いません．状態遷移のときのように，最初に地名を述べてから，日付を述べるといった必要はありません．そのため，対話は混合主導型となり，ユーザは自由に発話をすることが可能となります．これまでがシーケンシャルアクセスだったのに対して，ランダムアクセスになったようなイメージです．カセットのように前から再生しかできなかったのが，CDのようにどこからでも再生できるようになったと考えればよいでしょう．

システムも質問ばかりする必要はなく，「ご用件をどうぞ」といったオープンな発話を行い，何を話すかをユーザに委ねることができます．これによりユーザに問い詰められているといった印象を与えずに済みます．

図2.6はフレームに基づく対話システムの基本的な構成です．

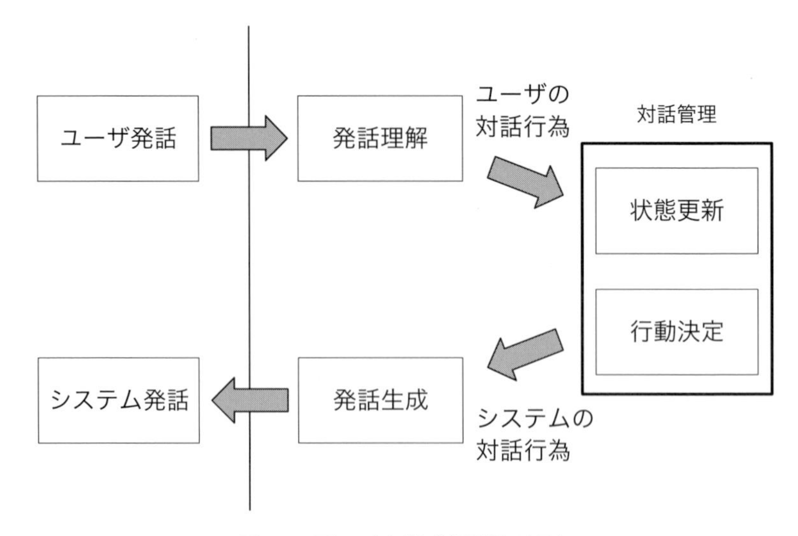

図 2.6 フレームに基づく対話システム

図を見てわかる通り，**発話理解部**，**状態更新部**，**行動決定部**，**発話生成部**からなります．状態更新部，行動決定部については，まとめて**対話管理部**ということがあります．この構成は，発話理解部，状態更新部，行動決定部，発話生成部がつながって動作するため，パイプラインアーキテクチャとも呼ばれます．向きを変えるとアルファベットのVに見えることから，Vモデルと呼ばれることもあります．それぞれの要素を説明していきます．

発話理解部では，ユーザ発話から対話行為を推定します．

対話行為というのは発話の意図を表す意味表現（所定の意味を表すシンボル）のことです．本書の冒頭で発話行為論について説明しました．これは，発話を物理的な行為と同じとみなす考え方のことでした．対話行為という名前はここからきています．「発話行為」と呼ぶ人もいますが，対話システムの分野では対話行為と呼ぶことが一般的です．

対話行為として，**対話行為タイプ**と**コンセプト**の2種類の情報を抽出します．対話行為タイプは発話の大まかな意図を表すもので，コンセプトとは対話行為タイプに付随する情報のことです．コンセプトは複数の属性と値の対から構成されます．図2.7はこれらを説明したものです．

Amazon AlexaやGoogle Homeの開発環境では，対話行為タイプは**インテント**と

ユーザ「大阪の天気を教えてください」

対話行為タイプ
request-weather（天気情報の要求）

コンセプト

属性	値
place	大阪
type	天気

図 2.7　対話行為タイプとコンセプト

呼ばれます．また，コンセプトは**スロット**や**エンティティ**と呼ばれます．Amazon Alexa ではスロットと呼び，Google Home ではエンティティと呼んでいます．

スロットと言うと，フレームにおけるスロットと紛らわしいのですが，コンセプトの情報はフレームと同様，属性と値の対の情報ですので，このように呼ばれています．混乱しないように注意しましょう．ここでは，「対話行為タイプ」と「コンセプト」という用語を用います．

対話行為タイプは開発者が自由に設計します．タスクに応じてユーザの意図が何種類くらいあるかを検討するのですが，単純なタスクであれば数種類あればよいでしょう．しかし，より複雑なものであればもっと多くの種類が必要となります．この設計のために，開発者が人間どうしの対話を観察する場合もあります．

ここでは以下の 3 種類の対話行為を用いることにします．

- 天気情報の要求（`request-weather`）
- 伝達情報の初期化（`initialize`）
- 伝達情報の訂正（`correct-info`）

天気情報の要求に加え，フレームの初期化や個別の値の訂正のための対話行為タイプを用意しました．ユーザは，対話システムに対してこれらの意図を持って話すと想定するということです．

コンセプトについては，発話に含まれる都道府県名，日付，情報種別を抽出することにします．

「明日の東京についてなんですけど」という発話であれば，request-weatherという対話行為タイプと，place =「東京」，date =「明日」というコンセプトが得られます．「東京じゃなくて」であればcorrect-infoという対話行為タイプとplace =「東京」というコンセプトが得られます．「もう一度初めからお願いします」であればinitializeという対話行為タイプが得られます．この場合コンセプトは空となります．

状態更新部では，対話行為を受け取ってフレームを更新します．具体的には，対話行為タイプとコンセプトに基づいてフレームの値を埋めたり削除したりします．対話行為からどのようにフレームを更新するかについては，さまざまな方法がありますが，ここではシンプルに手作業によるルールで記述することにします．

行動決定部では，更新されたフレームに基づいて，次にシステムが行うべき対話行為を決定します．この決定についても手作業によるルールで記述することにします．たとえば，フレームにおける地名のスロットの値が空であれば，「地名の質問」といった対話行為を出力するといったルールを作ります．ここではシステムの対話行為として次の5つを設定することにします．

- 初期発話（open-prompt）
- 地名の質問（ask-place）
- 日付の質問（ask-date）
- 情報種別の質問（ask-type）
- 情報の伝達（tell-info）

単純なシステムであればいくつかのルールを書くだけで適切な対話行為を決定できるでしょう．しかし，複雑なシステムになってくると（たとえば，スロットの数が10や20となってくると），人間でも最適な対話行為の決定が難しくなります．そういう場合には，**強化学習**と呼ばれる手法がよく用いられます．強化学習とは対話をしながら，よりよい決定をできるようにするための方法です．強化学習については高度な内容ですので本章の最後で簡単に説明します．

発話生成部は，システムの対話行為から発話文字列を生成します．これには**テンプレート**を用いることが一般的です．テンプレートとは発話のひな形という意味です．このひな形をそのまま，もしくは，少し中身を入れ替えて発話を作るのです．テンプレートを用いると表現が固定的になるものの（味気ない回答のことをテンプレ回答と言ったりしますよね），発話内容を制御しやすく**非文**（文法的に問題のある文）を抑えられるために，対話システムの応答生成ではよく用いられます．

テンプレートは以下のようなものです．

- 初期発話（open-prompt）=>「ご用件をどうぞ」
- 地名の質問（ask-place）=>「地名を言ってください」
- 日付の質問（ask-date）=>「日付を言ってください」
- 情報種別の質問（ask-type）=>「情報種別を言ってください」

上記では，open-promptを「ご用件をどうぞ」に，ask-placeを「地名を言ってください」というテンプレートに対応付けています．テンプレートには変数を入れることが可能です．たとえば，テンプレート中にフレーム中の値を埋め込んで発話を作るといったことがよくなされます．tell-infoについては，外部APIから取得した天気情報から発話を動的に作る必要があり，テンプレートだと扱いづらいため，プログラムで直接文章を作ることにします．

ここまでフレームに基づくタスク指向型対話システムの概略を天気情報案内システムを例に説明しました．

状態遷移に基づくタスク指向型対話システムと比べると少し複雑な印象を受けたかもしれません．しかし，このやり方を覚えるとかなり柔軟な対話システムが実現できますので，ぜひ作り方をマスターしてください．Siri，Amazon AlexaやGoogle Homeも基本的にはこの方法で作られているのです．

2.3.1 フレームを用いたプログラム

フレームを用いた天気情報案内システムのプログラムのフローは以下のようになります．

- ステップ1．フレームを初期化する．

- ステップ2．システムが（オープンな）初期発話を行う．
- ステップ3．ユーザ発話を受け取り，対話行為タイプとコンセプトを抽出する．
- ステップ4．フレームを更新する．
- ステップ5．フレームに基づきシステムの次の対話行為を決定する．
- ステップ6．システムの次の対話行為が`tell-info`であれば天気情報を伝える．それ以外の場合は，ステップ3に戻る．

プログラムは以下のようになります．ここでは，流れを理解するためのプログラムという意図ですので，ユーザは自由発話ではなく，対話行為を直接入力するという想定で作っています．また，天気情報を取得する部分は含んでいません．

プログラム 2.5 frame_weather1.py

```
1  # 都道府県名のリスト
2  prefs = ['三重', ..., '鹿児島'] # 長いので省略しています
3
4  # 日付のリスト
5  dates = ["今日","明日"]
6
7  # 情報種別のリスト
8  types = ["天気","気温"]
9
10 # システムの対話行為タイプとシステム発話を紐づけた辞書
11 uttdic = {"open-prompt": "ご用件をどうぞ",
12           "ask-place": "地名を言ってください",
13           "ask-date": "日付を言ってください",
14           "ask-type": "情報種別を言ってください"}
15
16 # 発話から得られた情報をもとにフレームを更新
17 def update_frame(frame, da, conceptdic):
18     # 値の整合性を確認し,整合しないものは空文字にする
19     for k,v in conceptdic.items():
20         if k == "place" and v not in prefs:
21             conceptdic[k] = ""
22         elif k == "date" and v not in dates:
23             conceptdic[k] = ""
24         elif k == "type" and v not in types:
```

```
25              conceptdic[k] = ""
26      if da == "request-weather":
27          for k,v in conceptdic.items():
28              # コンセプトの情報でスロットを埋める
29              frame[k] = v
30      elif da == "initialize":
31          frame = {"place": "", "date": "", "type": ""}
32      elif da == "correct-info":
33          for k,v in conceptdic.items():
34              if frame[k] == v:
35                  frame[k] = ""
36      return frame
37
38  # フレームの状態から次のシステム対話行為を決定
39  def next_system_da(frame):
40      # すべてのスロットが空であればオープンな質問を行う
41      if frame["place"] == "" and frame["date"] == "" and frame["type"]
          == "":
42          return "open-prompt"
43      # 空のスロットがあればその要素を質問する
44      elif frame["place"] == "":
45          return "ask-place"
46      elif frame["date"] == "":
47          return "ask-date"
48      elif frame["type"] == "":
49          return "ask-type"
50      else:
51          return "tell-info"
52
53  # フレーム
54  frame = {"place": "", "date": "", "type": ""}
55
56  # システムプロンプト
57  print("SYS> こちらは天気情報案内システムです")
58  print("SYS> ご用件をどうぞ")
59
60  # ユーザ入力の処理
61  while True:
62      text = input("> ")
63
64      # 現在のフレームを表示
```

```
65      print("frame=", frame)
66
67      # 対話行為と属性と値の対をユーザが入力することを想定
68      lis = text.split(',')
69      da = lis[0]
70      conceptdic = {}
71      for k_v in lis[1:]:
72          k,v = k_v.split('=')
73          conceptdic[k] = v
74      print(da, conceptdic)
75
76      # 対話行為とコンセプト列を用いてフレームを更新
77      frame = update_frame(frame, da, conceptdic)
78
79      # 更新後のフレームを表示
80      print("updated frame=", frame)
81
82      # フレームからシステム対話行為を得る
83      sys_da = next_system_da(frame)
84
85      # 遷移先がtell_infoの場合は情報を伝えて終了
86      if sys_da == "tell-info":
87          print("天気をお伝えします")
88          break
89      else:
90          # 対話行為に紐づいたテンプレートを用いてシステム発話を生成
91          sysutt = uttdic[sys_da]
92          print("SYS>", sysutt)
93
94  # 終了発話
95  print("ご利用ありがとうございました")
```

重要な箇所をコードを参照しながら説明していきます．

54行目でフレームの初期化を行っています．フレームは複数の属性と値の対からなりますので，Pythonにおいては辞書で表すと便利です．place, date, typeという3つのキーがあり，それぞれの初期値を空文字にしています．

68〜74行目でユーザの入力した文字列から対話行為タイプとコンセプトを取得しています．

本当はユーザの自由発話を受け取り，対話行為タイプとコンセプトを抽出するところですが，ここでは流れの説明のため自由発話ではなくユーザが対話行為タイプとコンセプトを直接入力するということにしています．たとえば，入力として「request-weather,place=東京,date=明日」のような文字列を想定しています．カンマ区切りで，最初が対話行為タイプ，以降がコンセプトです．コンセプトの属性と値はイコールで連結されているものとします．コンセプトは属性とその値を conceptdic という辞書に格納します．ちなみに，対話行為の変数名を da としていますが，対話行為のことは英語で dialogue act と言いますのでその頭文字を使っています．

たとえば，ユーザ入力が「request-weather,place=東京,date=明日」の場合，da は request-weather となり，conceptdic は「{'place': '東京', 'date': '明日'}」となります．

17〜36 行目では，対話行為タイプとコンセプトを用いてフレームの更新を行っています．update_frame という関数は，現在のフレーム，対話行為タイプ，コンセプトを受け取って，更新後のフレームを返します．関数の冒頭の部分で conceptdic に含まれている値に問題ないかを確認しています．具体的には，今回都道府県名のみが天気情報案内の対象ですので，conceptdic の place の値が都道府県名以外であれば，その値を削除（空文字にする）しています．日付，情報種別についても同様です．想定外の値が入っていると後で天気情報が取得できませんので念のための処理です．

conceptdic の値のチェックをしたら，その値を用いてフレームを実際に更新します．対話行為タイプが request-weather であれば，コンセプトの値を用いてフレームの値を埋めます．{'place': '東京', 'date': '明日'}の場合は，フレームの place を「東京」に，date を「明日」にセットします．対話行為タイプが initialize の場合は，フレームを初期化します．すなわち，すべての値を空文字にします．

対話行為タイプが correct-info の場合，これは「東京じゃなくて」といった発話の場合ですが，「東京」を否定しているので，フレームの place の値が「東京」であればそれを削除するという処理を行います．それを行っているのが 32〜35 行目のブロックです．

フレームが更新されたら，フレームに基づいて，システムの次の対話行為を決定します．39〜51 行目でそれを行っています．next_system_da という関数が用いられていますが，この関数では，すべてのスロットが空の場合はオープンな質問を行います．すなわち，`open-prompt`を返します．`place`の値が空であれば`place`の値を聞く`ask-place`を返します．`date`, `type`が空の場合はそれぞれ`ask-date`, `ask-type`を返します．すべてのスロットが埋まっている場合は，`tell-info`を返します．

86〜92行目でいよいよ天気情報の案内を行います．システムの次の対話行為が`tell-info`であれば天気情報を伝えます．それ以外の対話行為の場合は，システムの対話行為に紐づいた発話をテンプレートを用いて生成して応答し，次のユーザ発話を受け付けます．`uttdic`というのはテンプレートの情報で，システムの対話行為と発話文字列が紐づいた辞書です．プログラムの冒頭（11〜14行目）に定義されています．

このプログラムをコンソール上で動かすと以下のようになります．

```
$ python3 frame_weather1.py
SYS> こちらは天気情報案内システムです
SYS> ご用件をどうぞ
> request-weather,place=東京
frame= {'place': '', 'date': '', 'type': ''}
request-weather {'place': '東京'}
updated frame= {'place': '東京', 'date': '', 'type': ''}
SYS> 日付を言ってください
> correct-info,place=東京
frame= {'place': '東京', 'date': '', 'type': ''}
correct-info {'place': '東京'}
updated frame= {'place': '', 'date': '', 'type': ''}
SYS> ご用件をどうぞ
> request-weather,place=大阪,type=天気
frame= {'place': '', 'date': '', 'type': ''}
request-weather {'place': '大阪', 'type': '天気'}
updated frame= {'place': '大阪', 'date': '', 'type': '天気'}
SYS> 日付を言ってください
> initialize
frame= {'place': '大阪', 'date': '', 'type': '天気'}
initialize {}
updated frame= {'place': '', 'date': '', 'type': ''}
SYS> ご用件をどうぞ
> request-weather,place=京都,date=明日,type=気温
frame= {'place': '', 'date': '', 'type': ''}
```

```
request-weather {'place': '京都', 'date': '明日', 'type': '気温'}
updated frame= {'place': '京都', 'date': '明日', 'type': '気温'}
天気をお伝えします
ご利用ありがとうございました
```

ここでは，最初に「東京」と伝えた後で「東京」を訂正し，「大阪の天気」を聞いています．さらにフレームを初期化したあと，「京都の明日の気温」を聞きました．

途中のフレームの値と対話行為タイプ，コンセプトの値も表示していますので，入力がどのように処理されているかが理解できると思います．状態遷移を用いたシステムと比べて柔軟なやり取りができることが直感的に理解できるのではないでしょうか．少なくとも一本道の対話ではなく，値を自由に入れ替えできていますよね．

さて，このプログラムでは「request-weather,place=東京」などと入力しなくてはならず面倒でしたが，次の節では，自由発話から対話行為タイプとコンセプトを抽出できるようにしていきます．

2.3.2 SVMを用いた対話行為タイプ推定

対話行為タイプの推定はそれだけで1つの研究分野になっているほどで，さまざまな方法が試されてきています．英語ではdialogue act taggingやdialogue act estimationなどと呼ばれる分野です．パタンマッチを用いたり，文法的な解析に基づくものなどがありますが，近年は機械学習の手法を用いることが一般的です．

本書は機械学習の本ではありませんので，機械学習の説明については他の書籍に譲りますが，身近なものでいえばスパムフィルタは機械学習に基づいています．「これはスパム」と「これは普通のメール」というようにコンピュータに事例を見せていくことで，コンピュータにスパムの判断基準を学習させているのです．

対話行為タイプ推定もスパムフィルタと同じです．「この発話はrequest-weather」，「この発話はinitialize」のようにコンピュータに事例を見せることで対話行為タイプの分類基準をコンピュータに学習させるのです．

それでは早速事例を作成しましょう．ここでは，以下のような事例を作成してみました．左側が対話行為タイプで右側が発話となっています．

```
    request-weather 大阪なんですが
```

```
request-weather 大阪の天気を教えて
request-weather 明日の大阪の気温が知りたい
initialize もう一度はじめから
correct-info 大阪じゃないです
correct-info 天気じゃないです
correct-info 気温じゃなくて
```

これで対話行為タイプ推定ができるようになるでしょうか？

残念ながらこれらの事例だけではうまくいきません．このデータだけで学習すると，大阪についてはうまく分類できるかもしれませんが，東京や北海道といった他の地名については対応できません．なぜなら，そのような事例はコンピュータは見ていないからです．

一般に機械学習では，見たことのある事例については対応できますが，見たことのない事例については対応できません．これは現在の人工知能一般についても言える基本的な問題です．人間は少量の事例からでもそれを一般化して理解することができます．これが人工知能にはまだ難しいのです．

というわけで，コンピュータのために，見たことのある事例を増やすため，「大阪なんですが」に加えて「東京なんですが」「北海道なんですが」「京都なんですが」のように発言に含まれる可能性のある地名すべてについて事例を作る必要があります．しかし，手で事例をたくさん書くのは面倒です．そこで代表的な事例に対し，都道府県名などを辞書を用いて展開することで大量に事例を生成することにします．「<place>大阪</place>なんですが」のように展開対象をタグ付けしておき，展開対象を辞書により展開します．

今回，事例の元データとして，以下のようなテキストファイルを作成しました．各対話行為について代表的な事例が書かれています．また展開対象がplaceなどのタグによってタグ付けされています．da=で始まる行は，それ以降の行がどの対話行為タイプの事例であるかを示しています．

プログラム 2.6 examples.txt

```
1  da=request-weather
2  <place>大阪</place>
3  <place>大阪</place>です
4  <date>明日</date>
```

```
5  <date>明日</date>です
6  <type>天気</type>
7  <type>天気</type>です
8  <place>大阪</place>の<date>明日</date>
9  <place>大阪</place>の<date>明日</date>です
10 <place>大阪</place>の<type>天気</type>
11 <place>大阪</place>の<type>天気</type>です
12 <place>大阪</place>の<type>天気</type>を教えてください
13 <date>明日</date>の<type>天気</type>
14 <date>明日</date>の<type>天気</type>です
15 <date>明日</date>の<type>天気</type>を教えてください
16 <date>明日</date>の<place>大阪</place>の<type>天気</type>
17 <date>明日</date>の<place>大阪</place>の<type>天気</type>です
18 <date>明日</date>の<place>大阪</place>の<type>天気</type>を教えてください
19 <place>大阪</place>の<date>明日</date>の<type>天気</type>
20 <place>大阪</place>の<date>明日</date>の<type>天気</type>です
21 <place>大阪</place>の<date>明日</date>の<type>天気</type>を教えてください
22
23 da=initialize
24 もう一度はじめから
25 はじめから
26 はじめからお願いします
27 最初から
28 最初からお願いします
29 初期化してください
30 キャンセル
31 すべてキャンセル
32
33 da=correct-info
34 <place>大阪</place>じゃない
35 <place>大阪</place>じゃなくて
36 <place>大阪</place>じゃないです
37 <place>大阪</place>ではありません
38 <date>明日</date>じゃない
39 <date>明日</date>じゃなくて
40 <date>明日</date>じゃないです
41 <date>明日</date>ではありません
42 <type>天気</type>じゃない
43 <type>天気</type>じゃなくて
44 <type>天気</type>じゃないです
45 <type>天気</type>ではありません
```

このようなファイルを作っておいた上で，以下のプログラムにより自動的に事例を増やします．

プログラム 2.7 generate_da_samples.py

```
import re
import random
import json
import xml.etree.ElementTree

# 都道府県名のリスト
prefs = ['三重', ..., '鹿児島'] # 長いので省略しています

# 日付のリスト
dates = ["今日","明日"]

# 情報種別のリスト
types = ["天気","気温"]

# サンプル文に含まれる単語を置き換えることで学習用事例を作成
def random_generate(root):
    # タグがない文章の場合は置き換えしないでそのまま返す
    if len(root) == 0:
        return root.text
    # タグで囲まれた箇所を同じ種類の単語で置き換える
    buf = ""
    for elem in root:
        if elem.tag == "place":
            pref = random.choice(prefs)
            buf += pref
        elif elem.tag == "date":
            date = random.choice(dates)
            buf += date
        elif elem.tag == "type":
            _type = random.choice(types)
            buf += _type
        if elem.tail is not None:
            buf += elem.tail
    return buf

# 学習用ファイルの書き出し先
```

```
37 fp = open("da_samples.dat","w")
38 
39 da = ''
40 # examples.txt ファイルの読み込み
41 for line in open("examples.txt","r"):
42     line = line.rstrip()
43     # da= から始まる行から対話行為名を取得
44     if re.search(r'^da=',line):
45         da = line.replace('da=','')
46     # 空行は無視
47     elif line == "":
48         pass
49     else:
50         # タグの部分を取得するため，周囲にダミーのタグをつけて解析
51         root = xml.etree.ElementTree.fromstring("<dummy>"+line+"</dummy
             >")
52         # 各サンプル文を1000倍に増やす
53         for i in range(1000):
54             sample = random_generate(root)
55             # 対話行為タイプ，発話文，タグとその文字位置を学習用ファイルに書き出
                 す
56             fp.write(da + "\t" + sample + "\n")
57 
58 fp.close()
```

51行目以降で代表的な事例から異なる事例を作成しています．たとえば，読み込んだ行が「<place>大阪</place>です」の場合，まず「<dummy><place>大阪</place>です</dummy>」という文字列を作り，それをXMLパーサで解析しています．これは，XMLでは，トップレベルの要素が1つである必要があるためです．解析結果は，document object model（DOM）と呼ばれる木構造となります（図2.8）．

21～34行目で木構造をたどりながら，placeのノードについては都道府県名のリストからランダムに選択したものと置き換えます．具体的には，ノード（elem）のタグがplaceであれば，prefs（都道府県名のリスト）からランダムに1つ選んで差し替えます．dateとtypeのノードについても同様です．差し替え後の木構造のテキスト部分を連結することで，差し替えた発話文が得られます．なお，タグが含まれていないデータについては，展開する要素がないため，root直下のテキストをそのまま返しています（18～19行目）．

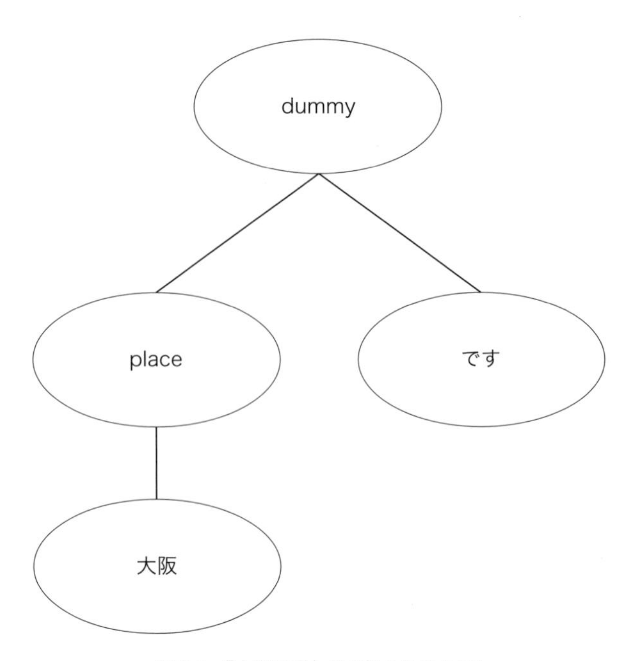

図 2.8　「大阪です」から得られる DOM

このプログラムは以下のように実行します．

```
$ python3 generate_da_samples.py
```

これにより，examples.txt から以下の da_samples.dat が作成できます．

```
request-weather 長崎
request-weather 静岡
request-weather 徳島
request-weather 香川
request-weather 群馬
request-weather 滋賀
request-weather 福井
...
initialize もう一度はじめから
...
correct-info 気温ではありません
correct-info 気温ではありません
```

```
correct-info 気温ではありません
correct-info 天気ではありません
```

このプログラムでは，各事例を1000倍に増やしていますので，da_samples.datの行数は全部で40000行になります．

多くの事例が作成できたので機械学習を用いて対話行為タイプ推定を行いましょう．学習のアルゴリズムとして**support vector machine**（**SVM**）を用いることにします．近年は深層学習（ディープラーニング）が盛んですが，学習に時間がかかったり，高いマシンスペックを要求する場合もあります．SVMは学習が比較的早く済みますし，簡単なタスクであれば精度も遜色ありません．また，何よりも軽量ですのでデプロイ（システムを設置して運用すること）も容易です．

SVMによる学習は，Pythonの機械学習のライブラリである**scikit-learn**（`sklearn`）を用いると簡単です．`sklearn`をインストールしましょう．あわせて学習結果を保存するため，`dill`というパッケージも入れましょう．どちらも`pip`でインストールできます．

```
$ pip3 install sklearn
$ pip3 install dill
```

学習するためのプログラムは以下の通りです．

プログラム 2.8 train_da_model.py

```
1  import MeCab
2  from sklearn.feature_extraction.text import TfidfVectorizer
3  from sklearn.svm import SVC
4  from sklearn.preprocessing import LabelEncoder
5  import dill
6
7  # MeCabの初期化
8  mecab = MeCab.Tagger()
9  mecab.parse('')
10
11 sents = []
12 labels = []
13
14 # da_samples.dat の読み込み
```

```
15 for line in open("da_samples.dat","r"):
16     line = line.rstrip()
17     # da_samples.dat には対話行為,発話文が含まれている
18     da, utt = line.split('\t')
19     words = []
20     for line in mecab.parse(utt).splitlines():
21         if line == "EOS":
22             break
23         else:
24             # MeCab の出力から単語を抽出
25             word, feature_str = line.split("\t")
26             words.append(word)
27     # 空白区切りの単語列をsents に追加
28     sents.append(" ".join(words))
29     # 対話行為ラベルをlabels に追加
30     labels.append(da)
31 
32 # TfidfVectorizer を用いて，各文を素性ベクトルに変換
33 vectorizer = TfidfVectorizer(tokenizer=lambda x:x.split())
34 X = vectorizer.fit_transform(sents)
35 
36 # LabelEncoder を用いて，ラベルを数値に変換
37 label_encoder = LabelEncoder()
38 Y = label_encoder.fit_transform(labels)
39 
40 # SVM でベクトルからラベルを取得するモデルを学習
41 svc = SVC(gamma="scale")
42 svc.fit(X,Y)
43 
44 # 学習されたモデル等一式を svc.model に保存
45 with open("svc.model","wb") as f:
46     dill.dump(vectorizer, f)
47     dill.dump(label_encoder, f)
48     dill.dump(svc, f)
```

15〜30行目では，da_samples.datをもとに学習のための準備をしています．各事例はタブ（`\t`）区切りの対話行為タイプと発話文字列から構成されていますので，発話文字列の部分を形態素解析し，単語を取り出し，単語を空白区切りで繋げた文字列を作ります．そして，それを`sents`に追加します．対話行為タイプは

labelsというリストに追加しています．

「request-weather[tab]大阪の明日の天気」という行の場合，形態素解析器のMeCabで「大阪の明日の天気」を解析した結果は以下のようになります（MeCabについては1.3章のMeCabの項目を参照）．

```
大阪	名詞,固有名詞,地域,一般,*,*,大阪,オオサカ,オーサカ
の	助詞,連体化,*,*,*,*,の,ノ,ノ
明日	名詞,副詞可能,*,*,*,*,明日,アシタ,アシタ
の	助詞,連体化,*,*,*,*,の,ノ,ノ
天気	名詞,一般,*,*,*,*,天気,テンキ,テンキ
EOS
```

単語を取り出して空白でつなげた文字列は「大阪 の 明日 の 天気」となります．この文字列がsentsに追加されます．対話行為タイプであるrequest-weatherはこれがそのままlabelsに追加されます．なお，機械学習において，推定対象となるもののことを**ラベル**や**クラス**と呼びます．今回のデータでは，request-weatherがラベルです．

本プログラムでは，sentsとlabelsを用いて発話と対話行為タイプの対応付けを学習します．学習にあたっては，発話から素性（そせいと読みます）ベクトルを抽出する必要があります．素性ベクトルとは発話を数値列で表したものです．コンピュータが言葉を扱えるようにするために，テキストを数値情報で表す必要があるのです．

素性ベクトルの作成には，TfidfVectorizerを用います．発話に含まれている単語の頻度と，すべての事例から推定されるその単語の重要度をもとに素性ベクトルを自動的に作成してくれます．sentsを素性ベクトルに変換したものがXです．

同様に，対話行為タイプも数値に変換する必要があります．37〜38行目でそれを行っています．labelsを数値に変換したものがYです．

41〜42行目では，X（文章を素性ベクトルに変換したもの）とY（ラベルを数値に変換したもの）を対応付けるための学習を行っています．学習の結果得られるものが「モデル」です．モデルは素性ベクトルの各要素とラベルとの関連を示した大量の数値データです．

45〜48行目では，モデルおよびデータを数値化するために用いたvectorizerと

label_encoderをdillを用いて保存しています．ファイル書き出しを行うためのモジュールとしてpickleが有名ですが，今回保存するオブジェクトは複雑なためpickleでは書き出せません．そこで，より高機能なdillを用いています．同様に高機能なcloudpickleを用いても構いません．

では，以下のコマンドでモデルを学習しましょう．

```
$ python3 train_da_model.py
```

svc.modelというファイルができていればモデルの学習は成功です．

以下のテストプログラムで対話行為タイプが正しく推定できるかを確認してみましょう．

プログラム 2.9 da_extractor.py

```
1  import MeCab
2  from sklearn.feature_extraction.text import TfidfVectorizer
3  from sklearn.svm import SVC
4  from sklearn.preprocessing import LabelEncoder
5  import dill
6  
7  mecab = MeCab.Tagger()
8  mecab.parse('')
9  
10 # SVMモデルの読み込み
11 with open("svc.model","rb") as f:
12     vectorizer = dill.load(f)
13     label_encoder = dill.load(f)
14     svc = dill.load(f)
15 
16 # 発話から対話行為タイプを推定
17 def extract_da(utt):
18     words = []
19     for line in mecab.parse(utt).splitlines():
20         if line == "EOS":
21             break
22         else:
23             word, feature_str = line.split("\t")
24             words.append(word)
25     tokens_str = " ".join(words)
```

```
26        X = vectorizer.transform([tokens_str])
27        Y = svc.predict(X)
28        # 数値を対応するラベルに戻す
29        da = label_encoder.inverse_transform(Y)[0]
30        return da
31
32    for utt in ["大阪の明日の天気","もう一度はじめから","東京じゃなくて"]:
33        da = extract_da(utt)
34        print(utt,da)
```

17〜30 行目で対話行為を推定しています．MeCab を用いて発話を空白区切りの文字列にしたのち，TfidfVectorizer を用いて数値化し，svc.predict を用いて推定結果を得ています．推定結果は数値ですので，label_encoder を用いてラベル名に戻しています．

本プログラムの実行結果は以下の通りです[3]．

```
$ python3 da_extractor.py
大阪の明日の天気 request-weather
もう一度はじめから initialize
東京じゃなくて correct-info
```

左側が推定対象となるテスト発話で，右側が結果ですが，それぞれの発話に対して適切な対話行為タイプが推定できていることがわかります．

2.3.3 CRF を用いたコンセプト抽出

対話行為タイプだけでは大まかなユーザの発話意図はわかってもフレームを埋めることはできません．コンセプトを抽出する必要があります．コンセプト抽出にも機械学習を用いることが一般的です．

コンセプト抽出は，単語列がどのコンセプトに対応するかをラベル付けする処理と捉えられます．「大阪の天気を教えてください」という発話であれば，「大阪」に place，「天気」に type というラベルを付与すればよいことになります．

単語列にラベル付けする場合，Inside-Outside-Beginning（IOB）形式のラベル

[3]異なる sklearn のバージョンで学習した SVM のモデルは読み込めません．同じ sklearn のバージョンで学習されたモデルを読み込むようにしましょう．

を用いることが一般的です．本書でもそれに準じます．IOB形式では，ラベルの始まりには「`B-`」をつけます．ラベルの途中または終わりには「`I-`」をつけます．ラベルを付与する対象ではない場合はその他を意味する「`O`」(Other）をつけます．

図2.9に「大阪の天気を教えてください」にIOB形式のラベルを付与した例を示します．今回の天気情報案内システムでは複数の単語が1つのコンセプトに対応することはありませんが，仮に「横須賀市光の丘」という地名を受け付けるとした場合に，「横須賀市光の丘の明日の気温は？」にラベルを付与する場合も示します．

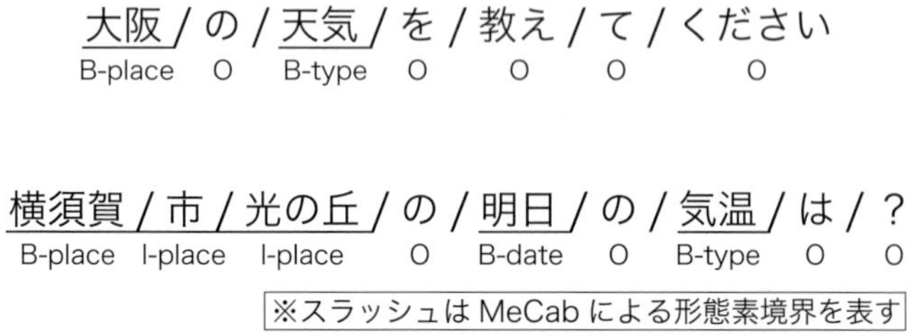

大阪 / の / 天気 / を / 教え / て / ください
B-place O B-type O O O O

横須賀 / 市 / 光の丘 / の / 明日 / の / 気温 / は / ？
B-place I-place I-place O B-date O B-type O O

※スラッシュはMeCabによる形態素境界を表す

図2.9 IOB形式のラベル付けの例

対話行為タイプ推定では発話に1つのラベルを付与していましたが，コンセプト抽出では，各単語にラベルを付与します．前後の単語の関係性などを考慮しながらラベル付けを行う必要があり，このような問題を**系列ラベリング**と呼びます．

系列ラベリングのアルゴリズムとして**条件付き確率場**（conditional random fields, **CRF**）がよく知られていますので，ここではCRFを用いてコンセプト抽出を行います．PythonでCRFを利用するためのパッケージである`sklearn-crfsuite`をインストールしておきましょう．`pip`でインストールできます．

```
$ pip3 install sklearn-crfsuite
```

CRFも機械学習の一つですので，モデルを訓練するために，事例を用意する必要があります．発話の各単語についてIOB形式のラベルを付与したデータが必要です．

SVMを用いたときと同様，examples.txtから事例を作成します．辞書を用いて都道府県名などを展開しますが，その際に，どの単語がどのコンセプトに対応するかという情報も一緒にファイルに書き出します．

このためのプログラムは以下の通りです．

プログラム 2.10 generate_concept_samples.py

```
import MeCab
import re
import random
import json
import xml.etree.ElementTree

# 都道府県名のリスト
prefs = ['三重',.. , '鹿児島'] # 長いので省略しています

# 日付のリスト
dates = ["今日","明日"]

# 情報種別のリスト
types = ["天気","気温"]

# サンプル文に含まれる単語を置き換えることで学習用事例を作成
def random_generate(root):
    buf = ""
    pos = 0
    posdic = {}
    # タグがない文章の場合は置き換えしないでそのまま返す
    if len(root) == 0:
        return root.text, posdic
    # タグで囲まれた箇所を同じ種類の単語で置き換える
    for elem in root:
        if elem.tag == "place":
            pref = random.choice(prefs)
            buf += pref
            posdic["place"] = (pos, pos+len(pref))
            pos += len(pref)
        elif elem.tag == "date":
            date = random.choice(dates)
            buf += date
            posdic["date"] = (pos, pos+len(date))
            pos += len(date)
        elif elem.tag == "type":
            _type = random.choice(types)
            buf += _type
```

```
39             posdic["type"] = (pos, pos+len(_type))
40             pos += len(_type)
41         if elem.tail is not None:
42             buf += elem.tail
43             pos += len(elem.tail)
44     return buf, posdic
45 
46 # 現在の文字位置に対応するタグをposdic から取得
47 def get_label(pos, posdic):
48     for label, (start, end) in posdic.items():
49         if start <= pos and pos < end:
50             return label
51     return "O"
52 
53 # MeCab の初期化
54 mecab = MeCab.Tagger()
55 mecab.parse('')
56 
57 # 学習用ファイルの書き出し先
58 fp = open("concept_samples.dat","w")
59 
60 da = ''
61 # eamples.txt ファイルの読み込み
62 for line in open("examples.txt","r"):
63     line = line.rstrip()
64     # da= から始まる行から対話行為名を取得
65     if re.search(r'^da=',line):
66         da = line.replace('da=','')
67     # 空行は無視
68     elif line == "":
69         pass
70     else:
71         # タグの部分を取得するため，周囲にダミーのタグをつけて解析
72         root = xml.etree.ElementTree.fromstring("<dummy>"+line+"</dummy
               >")
73         # 各サンプル文を 1000倍に増やす
74         for i in range(1000):
75             sample, posdic = random_generate(root)
76 
77             # lis は [単語，品詞，ラベル]のリスト
78             lis = []
```

```
79              pos = 0
80              prev_label = ""
81              for line in mecab.parse(sample).splitlines():
82                  if line == "EOS":
83                      break
84                  else:
85                      word, feature_str = line.split("\t")
86                      features = feature_str.split(',')
87                      # 形態素情報の0番目が品詞
88                      postag = features[0]
89                      # 現在の文字位置に対応するタグを取得
90                      label = get_label(pos, posdic)
91                      # label が0でなく，直前のラベルと同じであればラベルに'I
                            -'をつける
92                      if label == "O":
93                          lis.append([word, postag, "O"])
94                      elif label == prev_label:
95                          lis.append([word, postag, "I-" + label])
96                      else:
97                          lis.append([word, postag, "B-" + label])
98                      pos += len(word)
99                      prev_label = label
100
101             # 単語，品詞，ラベルを学習用ファイルに書き出す
102             for word, postag, label in lis:
103                 fp.write(word + "\t" + postag + "\t" + label + "\n")
104             fp.write("\n")
105
106     fp.close()
```

17〜44 行目の random_generate 関数では，SVM を用いたときと同様，タグで囲まれた単語を辞書を用いて置き換えた文（sample）を作成しますが，同時にタグの開始位置と終了位置の情報（posdic）を返します．

85〜99 行目では，置き換えた文を形態素解析し，タグの開始位置と終了位置の情報と突合することで単語に対応するラベルを得て，それをファイルに書き出しています．

なお，ここで単語の品詞情報も併せて書き出しています．これは文章における系列ラベリングでは品詞情報が有用なことが多くあるためです．たとえば，「てに

をは」のような機能語は名詞や動詞といった内容語と比べて重要でないことがあります．よって，単語の表層（文字面のこと）だけでなく，品詞情報も取得して利用することが多いのです．

それでは generate_concept_samples.py を実行してみましょう．dsbook フォルダで以下を実行してみてください．

```
$ python3 generate_concept_samples.py
```

concept_samples.dat というファイルができていると思います．この中身は次のようなものになっているはずです．

```
東京 名詞 B-place

宮城 名詞 B-place
です 助動詞 O

熊本 名詞 B-place
の 助詞 O
今日 名詞 B-date

はじめ 名詞 O
から 助詞 O
お願い 名詞 O
し 動詞 O
ます 助動詞 O

気温 名詞 B-type
で 助詞 O
は 助詞 O
あり 動詞 O
ませ 助動詞 O
ん 助動詞 O
```

各単語について，その品詞と対応するラベルが書かれています．また，各事例は空行で区切られています．これで CRF のモデルを学習するための事例ができました．

train_concept_model.py を用いて CRF のモデルを学習しましょう．

プログラム 2.11 train_concept_model.py

```
1  import json
2  import dill
3  import sklearn_crfsuite
4  from crf_util import word2features, sent2features, sent2labels
5  
6  sents = []
7  lis = []
8  
9  # concept_samples.dat の読み込み
10 for line in open("concept_samples.dat","r"):
11     line = line.rstrip()
12     # 空行で 1つの事例が完了
13     if line == "":
14         sents.append(lis)
15         lis = []
16     else:
17         # concept_samples.dat は単語, 品詞, ラベルがタブ区切りになっている
18         word, postag, label = line.split('\t')
19         lis.append([word, postag, label])
20 
21 # 各単語の情報を素性に変換
22 X = [sent2features(s) for s in sents]
23 
24 # 各単語のラベル情報
25 Y = [sent2labels(s) for s in sents]
26 
27 # CRF による学習
28 crf = sklearn_crfsuite.CRF(
29     algorithm='lbfgs',
30     c1=0.1,
31     c2=0.1,
32     max_iterations=100,
33     all_possible_transitions=False
34 )
35 crf.fit(X, Y)
36 
37 # CRF モデルの保存
38 with open("crf.model","wb") as f:
39     dill.dump(crf, f)
```

10〜19行目では，concept_samples.datから事例を読み込んでいます．空行までの各行について，単語，品詞，ラベルを取得し，リストに追加しています．空行が来たらそこで1つの事例が終わりですので，その時点でのリストを，sents（すべての事例を格納しているリスト）に追加します．

28〜35行目では，CRFのモデルの学習を行っています．CRFは各単語から素性ベクトルを求め，ラベルとの対応付けを学習します．ただ，系列ラベリングという名前の通り，各単語の素性ベクトルを作成するときは，各単語だけを見るのではなく，周りの単語や周りの単語の品詞を考慮に入れることができます．この処理は，sent2features関数によって行われます．これは以下のcrf_util.pyで定義されており，冒頭でimportされています．

プログラム 2.12 crf_util.py

```
1  # 単語情報から素性を作成
2  def word2features(sent, i):
3      word = sent[i][0]
4      postag = sent[i][1]
5      features = {
6          'bias': 1.0,
7          'word': word,
8          'postag': postag
9      }
10     if i > 0:
11         word_left = sent[i-1][0]
12         postag_left = sent[i-1][1]
13         features.update({
14             '-1:word': word_left,
15             '-1:postag': postag_left
16         })
17     else:
18         features['BOS'] = True
19 
20     if i < len(sent)-1:
21         word_right = sent[i+1][0]
22         postag_right = sent[i+1][1]
23         features.update({
24             '+1:word': word_right,
25             '+1:postag': postag_right
26         })
```

```
27      else:
28          features['EOS'] = True
29      return features
30
31  # 単語情報を素性に変換
32  def sent2features(sent):
33      return [word2features(sent, i) for i in range(len(sent))]
34
35  # 文情報をラベルに変換
36  def sent2labels(sent):
37      return [label for word, postag, label in sent]
```

各単語について**素性**を作っているのが`word2feature`という関数です．単語，品詞だけでなく，直前の単語，直前の単語の品詞，自身が文頭かどうか，直後の単語，直後の単語の品詞，自身が文末かどうかという情報を用いて素性を作成しています．なお，ここで作っているのは，素性情報が含まれた辞書（`features`）です．この辞書の素性ベクトル化は学習のプログラムが自動的に行ってくれます．

train_concept_model.py に戻ります．28～34 行目で CRF のモデルの学習を行ったあと，37～38 行目でモデルを保存しています．保存されたモデルは crf.model というファイルです．

では，CRF のモデルの学習を以下のコマンドで実行しましょう．

```
$ python3 train_concept_model.py
```

dsbook フォルダに crf.model というファイルが作成されているかを確認してください．

以下のテストプログラムでコンセプトが正しく推定できるかを確認してみましょう．

プログラム 2.13 concept_extractor.py

```
1  import MeCab
2  import json
3  import dill
4  import sklearn_crfsuite
5  from crf_util import word2features, sent2features, sent2labels
6  import re
```

```
7
8   # MeCabの初期化
9   mecab = MeCab.Tagger()
10  mecab.parse('')
11
12  # CRFモデルの読み込み
13  with open("crf.model","rb") as f:
14      crf = dill.load(f)
15
16  # 発話文からコンセプトを抽出
17  def extract_concept(utt):
18      lis = []
19      for line in mecab.parse(utt).splitlines():
20          if line == "EOS":
21              break
22          else:
23              word, feature_str = line.split("\t")
24              features = feature_str.split(',')
25              postag = features[0]
26              lis.append([word, postag, "O"])
27
28      words = [x[0] for x in lis]
29      X = [sent2features(s) for s in [lis]]
30
31      # 各単語に対応するラベル列
32      labels = crf.predict(X)[0]
33
34      # 単語列とラベル系列の対応を取って辞書に変換
35      conceptdic = {}
36      buf = ""
37      last_label = ""
38      for word, label in zip(words, labels):
39          if re.search(r'^B-',label):
40              if buf != "":
41                  _label = last_label.replace('B-','').replace('I-','')
42                  conceptdic[_label] = buf
43              buf = word
44          elif re.search(r'^I-',label):
45              buf += word
46          elif label == "O":
47              if buf != "":
```

```
48                  _label = last_label.replace('B-','').replace('I-','')
49                  conceptdic[_label] = buf
50                  buf = ""
51              last_label = label
52          if buf != "":
53              _label = last_label.replace('B-','').replace('I-','')
54              conceptdic[_label] = buf
55
56          return conceptdic
57
58      if __name__ == '__main__':
59          for utt in ["大阪の明日の天気","もう一度はじめから","東京じゃなくて"]:
60              conceptdic = extract_concept(utt)
61              print(utt, conceptdic)
```

本プログラムでは，学習時と同様に各単語に関する素性情報を作成し，`crf.predict` によって各単語のラベルを推定しています．

35～56行目は推定結果を辞書形式に変換しているだけです．

実行した結果は以下のようになります．左側が入力となるテスト発話で，右側が発話から抽出されたコンセプト情報です．正しく抽出されていることがわかると思います．

```
$ python3 concept_extractor.py
大阪の明日の天気 {'place': '大阪', 'date': '明日', 'type': '天気'}
もう一度はじめから {}
東京じゃなくて {'place': '東京'}
```

前節の対話行為の推定結果と合わせると，以下の情報が発話から得られることになります．

```
大阪の明日の天気 request-weather {'place': '大阪', 'date': '明日', 'type': '天気'}
もう一度はじめから initialize {}
東京じゃなくて correct-info {'place': '東京'}
```

対話行為タイプとコンセプトの両方が正しく抽出できていますね．ここまでくればあともう少しです．

2.3.4 対話行為タイプとコンセプト推定を組み込んだプログラム

自由発話を対話行為タイプとコンセプトに変換し，これらを用いて対話を進めるようにしていきましょう．これは非常に簡単で，64ページのプログラム2.5で手入力で対話行為タイプとコンセプトを処理していた箇所を対話行為タイプとコンセプトの推定結果を用いて処理するように書き換えるだけです．

対話行為タイプとコンセプト推定を組み込んだプログラムは以下のようになります．

プログラム 2.14 frame_weather2.py

```
1  from da_concept_extractor import DA_Concept
2
3  # 都道府県名のリスト
4  prefs = ['三重',..., '鹿児島'] # 長いので省略しています
5
6  # 日付のリスト
7  dates = ["今日","明日"]
8
9  # 情報種別のリスト
10 types = ["天気","気温"]
11
12 # システムの対話行為とシステム発話を紐づけた辞書
13 uttdic = {"open-prompt": "ご用件をどうぞ",
14           "ask-place": "地名を言ってください",
15           "ask-date": "日付を言ってください",
16           "ask-type": "情報種別を言ってください"}
17
18 # 発話から得られた情報をもとにフレームを更新
19 def update_frame(frame, da, conceptdic):
20     # 値の整合性を確認し，整合しないものは空文字にする
21     for k,v in conceptdic.items():
22         if k == "place" and v not in prefs:
23             conceptdic[k] = ""
24         elif k == "date" and v not in dates:
25             conceptdic[k] = ""
26         elif k == "type" and v not in types:
27             conceptdic[k] = ""
```

```
28      if da == "request-weather":
29          for k,v in conceptdic.items():
30              # コンセプトの情報でスロットを埋める
31              frame[k] = v
32      elif da == "initialize":
33          frame = {"place": "", "date": "", "type": ""}
34      elif da == "correct-info":
35          for k,v in conceptdic.items():
36              if frame[k] == v:
37                  frame[k] = ""
38      return frame
39  
40  # フレームの状態から次のシステム対話行為を決定
41  def next_system_da(frame):
42      # すべてのスロットが空であればオープンな質問を行う
43      if frame["place"] == "" and frame["date"] == "" and frame["type"]
            == "":
44          return "open-prompt"
45      # 空のスロットがあればその要素を質問する
46      elif frame["place"] == "":
47          return "ask-place"
48      elif frame["date"] == "":
49          return "ask-date"
50      elif frame["type"] == "":
51          return "ask-type"
52      else:
53          return "tell-info"
54  
55  # 対話行為とコンセプトの推定器
56  da_concept = DA_Concept()
57  
58  # フレーム
59  frame = {"place": "", "date": "", "type": ""}
60  
61  # システムプロンプト
62  print("SYS> こちらは天気情報案内システムです")
63  print("SYS> ご用件をどうぞ")
64  
65  # ユーザ入力の処理
66  while True:
67      text = input("> ")
```

```
68
69         # 現在のフレームを表示
70         print("frame=", frame)
71
72         # 手入力で対話行為タイプとコンセプトを入力していた箇所を
73         # 自動推定するように変更
74         da, conceptdic = da_concept.process(text)
75         print(da, conceptdic)
76
77         # 対話行為とコンセプト列を用いてフレームを更新
78         frame = update_frame(frame, da, conceptdic)
79
80         # 更新後のフレームを表示
81         print("updated frame=", frame)
82
83         # フレームからシステム対話行為を得る
84         sys_da = next_system_da(frame)
85
86         # 遷移先がtell_infoの場合は情報を伝えて終了
87         if sys_da == "tell-info":
88             print("天気をお伝えします")
89             break
90         else:
91             # 対話行為タイプに紐づいたテンプレートを用いてシステム発話を生成
92             sysutt = uttdic[sys_da]
93             print("SYS>", sysutt)
94
95     # 終了発話
96     print("ご利用ありがとうございました")
```

74～75行目で対話行為タイプとコンセプトを自動推定しています．ここで，推定を行うプログラムはまとめてクラス化してあり，それを用いています．このプログラムは以下のようなものです．これまで作ってきた対話行為タイプの推定とコンセプトの推定をまとめているだけなので理解しやすいと思います．

プログラム 2.15 da_concept_extractor.py

```
1  import MeCab
2  import json
3  from sklearn.feature_extraction.text import TfidfVectorizer
```

```
4  from sklearn.svm import SVC
5  from sklearn.preprocessing import LabelEncoder
6  import dill
7  import sklearn_crfsuite
8  from crf_util import word2features, sent2features, sent2labels
9  import re
10 
11 # 発話文から対話行為とコンセプトを抽出するクラス
12 class DA_Concept:
13 
14     def __init__(self):
15         # MeCabの初期化
16         self.mecab = MeCab.Tagger()
17         self.mecab.parse('')
18 
19         # SVMモデルの読み込み
20         with open("svc.model","rb") as f:
21             self.vectorizer = dill.load(f)
22             self.label_encoder = dill.load(f)
23             self.svc = dill.load(f)
24 
25         # CRFモデルの読み込み
26         with open("crf.model","rb") as f:
27             self.crf = dill.load(f)
28 
29     # 発話文から対話行為をコンセプトを抽出
30     def process(self,utt):
31         lis = []
32         for line in self.mecab.parse(utt).splitlines():
33             if line == "EOS":
34                 break
35             else:
36                 word, feature_str = line.split("\t")
37                 features = feature_str.split(',')
38                 postag = features[0]
39                 lis.append([word, postag, "O"])
40 
41         words = [x[0] for x in lis]
42         tokens_str = " ".join(words)
43         X = self.vectorizer.transform([tokens_str])
44         Y = self.svc.predict(X)
```

```
45          # 数値を対応するラベルに戻す
46          da = self.label_encoder.inverse_transform(Y)[0]
47
48          X = [sent2features(s) for s in [lis]]
49
50          # 各単語に対応するラベル列
51          labels = self.crf.predict(X)[0]
52
53          # 単語列とラベル系列の対応を取って辞書に変換
54          conceptdic = {}
55          buf = ""
56          last_label = ""
57          for word, label in zip(words, labels):
58              if re.search(r'^B-',label):
59                  if buf != "":
60                      _label = last_label.replace('B-','').replace('I-','')
61                      conceptdic[_label] = buf
62                  buf = word
63              elif re.search(r'^I-',label):
64                  buf += word
65              elif label == "O":
66                  if buf != "":
67                      _label = last_label.replace('B-','').replace('I-','')
68                      conceptdic[_label] = buf
69                      buf = ""
70              last_label = label
71          if buf != "":
72              _label = last_label.replace('B-','').replace('I-','')
73              conceptdic[_label] = buf
74
75          return da, conceptdic
76
77  if __name__ == '__main__':
78      da_concept = DA_Concept()
79      da, conceptdic = da_concept.process("東京の天気は？")
80      print(da, conceptdic)
```

それでは，このシステムと対話をしてみましょう．dsbook フォルダで以下のコマンドを実行してみましょう．

```
$ python3 frame_weather2.py
SYS> こちらは天気情報案内システムです
SYS> ご用件をどうぞ
> えーと大阪の
frame= {'place': '', 'date': '', 'type': ''}
request-weather {'place': '大阪'}
updated frame= {'place': '大阪', 'date': '', 'type': ''}
SYS> 日付を言ってください
> 明日です
frame= {'place': '大阪', 'date': '', 'type': ''}
request-weather {'date': '明日'}
updated frame= {'place': '大阪', 'date': '明日', 'type': ''}
SYS> 情報種別を言ってください
> 気温が知りたいです
frame= {'place': '大阪', 'date': '明日', 'type': ''}
request-weather {'type': '気温'}
updated frame= {'place': '大阪', 'date': '明日', 'type': '気温'}
天気をお伝えします
ご利用ありがとうございました
```

ちゃんと対話ができていることが確認できました．このプログラムは天気情報データベースにアクセスするコードを組み込んでいませんが，状態遷移に基づく対話システムのプログラムで紹介したOpenWeatherMapにアクセスするコードなどを組み込むことで適切に天気情報を案内できるようになります．完成版のプログラムは次の項で示します．

2.3.5 Telegramへの組み込み

フレームに基づく手法で作成した完成版の天気情報案内システムのプログラムは以下になります．本書の設計方針（1.3.6 項参照）に従い，Telegramから呼べるようにクラス化してあります．

プログラム 2.16 frame_weather_system.py

```
1  import sys
2  from da_concept_extractor import DA_Concept
3  import requests
4  import json
5  from datetime import datetime, timedelta, time
```

```
 6  from telegram.ext import Updater, CommandHandler, MessageHandler,
        Filters
 7  from telegram_bot import TelegramBot
 8
 9  class FrameWeatherSystem:
10
11      # 都道府県名のリスト
12      prefs = ['三重',..., '鹿児島'] # 長いので省略します
13
14      # 日付のリスト
15      dates = ["今日","明日"]
16
17      # 情報種別のリスト
18      types = ["天気","気温"]
19
20      # 都道府県名から緯度と経度を取得するための辞書
21      latlondic = {'北海道': (43.06, 141.35),..., '沖縄': (26.21, 127.68)}
            # 長いので省略します
22
23      # システムの対話行為とシステム発話を紐づけた辞書
24      uttdic = {"open-prompt": "ご用件をどうぞ",
25                "ask-place": "地名を言ってください",
26                "ask-date": "日付を言ってください",
27                "ask-type": "情報種別を言ってください"}
28
29      current_weather_url = 'http://api.openweathermap.org/data/2.5/
            weather'
30      forecast_url = 'http://api.openweathermap.org/data/2.5/forecast'
31      appid = ''  # 自身のAPPIDを入れてください
32
33      def __init__(self):
34          # 対話セッションを管理するための辞書
35          self.sessiondic = {}
36          # 対話行為とコンセプトを抽出するためのモジュールの読み込み
37          self.da_concept = DA_Concept()
38
39      def get_current_weather(self, lat,lon):
40          # 天気情報を取得
41          response = requests.get("{}?lat={}&lon={}&lang=ja&units=metric&
                APPID={}".format(self.current_weather_url,lat,lon,self.
                appid))
```

```
42          return response.json()
43
44      def get_tomorrow_weather(self, lat,lon):
45          # 今日の時間を取得
46          today = datetime.today()
47          # 明日の時間を取得
48          tomorrow = today + timedelta(days=1)
49          # 明日の正午の時間を取得
50          tomorrow_noon = datetime.combine(tomorrow, time(12,0))
51          # UNIX 時間に変換
52          timestamp = tomorrow_noon.timestamp()
53          # 天気情報を取得
54          response = requests.get("{}?lat={}&lon={}&lang=ja&units=metric&
                APPID={}".format(self.forecast_url,lat,lon,self.appid))
55          dic = response.json()
56          # 3時間おきの天気情報についてループ
57          for i in range(len(dic["list"])):
58              # i 番目の天気情報 (UNIX 時間)
59              dt = float(dic["list"][i]["dt"])
60              # 明日の正午以降のデータになった時点でその天気情報を返す
61              if dt >= timestamp:
62                  return dic["list"][i]
63          return ""
64
65      # 発話から得られた情報をもとにフレームを更新
66      def update_frame(self, frame, da, conceptdic):
67          # 値の整合性を確認し，整合しないものは空文字にする
68          for k,v in conceptdic.items():
69              if k == "place" and v not in self.prefs:
70                  conceptdic[k] = ""
71              elif k == "date" and v not in self.dates:
72                  conceptdic[k] = ""
73              elif k == "type" and v not in self.types:
74                  conceptdic[k] = ""
75          if da == "request-weather":
76              for k,v in conceptdic.items():
77                  # コンセプトの情報でスロットを埋める
78                  frame[k] = v
79          elif da == "initialize":
80              frame = {"place": "", "date": "", "type": ""}
81          elif da == "correct-info":
```

```
82            for k,v in conceptdic.items():
83                if frame[k] == v:
84                    frame[k] = ""
85        return frame
86
87    # フレームの状態から次のシステム対話行為を決定
88    def next_system_da(self, frame):
89        # すべてのスロットが空であればオープンな質問を行う
90        if frame["place"] == "" and frame["date"] == "" and frame["type
              "] == "":
91            return "open-prompt"
92        # 空のスロットがあればその要素を質問する
93        elif frame["place"] == "":
94            return "ask-place"
95        elif frame["date"] == "":
96            return "ask-date"
97        elif frame["type"] == "":
98            return "ask-type"
99        else:
100           return "tell-info"
101
102   def initial_message(self, input):
103       text = input["utt"]
104       sessionId = input["sessionId"]
105
106       # セッションIDとセッションに関連する情報を格納した辞書
107       self.sessiondic[sessionId] = {"frame": {"place": "", "date": "",
              "type": ""}}
108
109       return {"utt":"こちらは天気情報案内システムです。ご用件をどうぞ。", "
              end":False}
110
111   def reply(self, input):
112       text = input["utt"]
113       sessionId = input["sessionId"]
114
115       # 現在のセッションのフレームを取得
116       frame = self.sessiondic[sessionId]["frame"]
117       print("frame=", frame)
118
119       # 発話から対話行為タイプとコンセプト列を取得
```

```
120         da, conceptdic = self.da_concept.process(text)
121         print(da, conceptdic)
122 
123         # 対話行為タイプとコンセプト列を用いてフレームを更新
124         frame = self.update_frame(frame, da, conceptdic)
125         print("updated frame=", frame)
126 
127         # 更新後のフレームを保存
128         self.sessiondic[sessionId] = {"frame": frame}
129 
130         # フレームからシステム対話行為を得る
131         sys_da = self.next_system_da(frame)
132 
133         # 遷移先がtell-infoの場合は情報を伝えて終了
134         if sys_da == "tell-info":
135             utts = []
136             utts.append("お伝えします")
137             place = frame["place"]
138             date = frame["date"]
139             _type = frame["type"]
140 
141             lat = self.latlondic[place][0] # placeから緯度を取得
142             lon = self.latlondic[place][1] # placeから経度を取得
143             print("lat=",lat,"lon=",lon)
144             if date == "今日":
145                 cw = self.get_current_weather(lat,lon)
146                 if _type == "天気":
147                     utts.append(cw["weather"][0]["description"]+"です")
148                 elif _type == "気温":
149                     utts.append(str(cw["main"]["temp"])+"度です")
150             elif date == "明日":
151                 tw = self.get_tomorrow_weather(lat,lon)
152                 if _type == "天気":
153                     utts.append(tw["weather"][0]["description"]+"です")
154                 elif _type == "気温":
155                     utts.append(str(tw["main"]["temp"])+"度です")
156             utts.append("ご利用ありがとうございました")
157             del self.sessiondic[sessionId]
158             return {"utt":"。".join(utts), "end": True}
159 
160         else:
```

```
161             # その他の遷移先の場合は状態に紐づいたシステム発話を生成
162             sysutt = self.uttdic[sys_da]
163             return {"utt":sysutt, "end": False}
164
165 if __name__ == '__main__':
166     system = FrameWeatherSystem()
167     bot = TelegramBot(system)
168     bot.run()
```

このプログラムを実行するとシステムが立ち上がります．実行をする際には，telegram_bot.py が同じフォルダにあること，telegram_bot.py の中に自身のボットのアクセストークンが記入されているかを確認しておいてください．もちろん，OpenWeatherMap の appid を自身の APPID で埋めることも忘れないでください．

```
$ python3 frame_weather_system.py
```

Telegram のアプリから会話してみましょう．自身のボットを呼び出して，「/start」と入力することで対話を開始することができます．図 2.10 は，Telegram で天気情報を聞いている様子を示したスクリーンショットです．ちゃんと天気情報を聞くことができていますね．

Coffee break

学会

学会とは同じ学術的興味を持った人が集まって議論などをする場のことです．日本には多くの学会があります．人工知能学会，言語処理学会，情報処理学会，電気情報通信学会などさまざまです．これらの学会は年次大会として1年に1度大きな集会を行います．また，研究会と呼ばれる，よりフォーカスした内容についての集会を催します．

国内で対話システムが最も盛んに議論されている場は，人工知能学会の研究会である言語・音声理解と対話処理研究会（SLUD）でしょう．SLUD（エスエルユーディー，もしくは，スラッド）では，2010 年から対話システムシンポジウムを実施してきています．対話システムシンポジウムは，国内の対話システム研究が一同に集う場を目指しており，多くのシステムのデモや口頭発表が行われます．いくつかの対話システムのコンペティションもこのシンポジウムから始まりました．毎年一度，秋から冬の時期に開催していますので，興味のある方はぜひ参加してみては

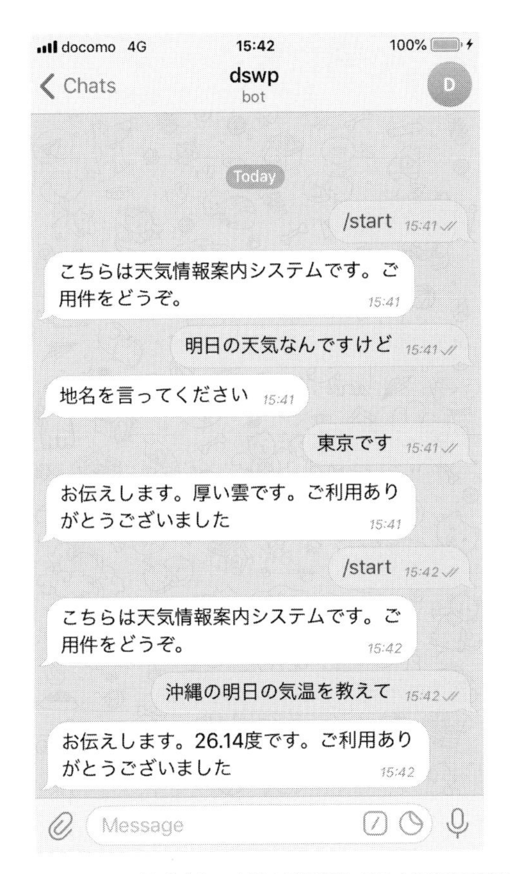

図 2.10 Telegram でフレームに基づくタスク指向型対話システムに天気情報を聞いている様子

いかがでしょうか.

海外に目を向ければ，最も対話研究者が多くみられるのは SIGdial という学会でしょう．これは，言語系の ACL という学会と音声系の ISCA という学会を親に持つ研究会です．毎年 1 度国際会議である SIGDIAL を開いています．2010 年には東京で開催されました．近年，対話システムの流行を受けて，SIGDIAL だけでなく，対話研究がさまざまなところで発表されるようになってきました．言語系の ACL, NAACL, EMNLP，音声系の Interspeech，ICASSP，ヒューマンインタフェース系の CHI，UIST，HAI，ロボット系の HRI，RO-MAN，人工知能系の AAAI，IJCAI など挙げればきりがありません．対話システム研究者は多くの学会で発表の機会があるということでもありますが，一方で，多くの査読（主にボランティアで投稿された論文を評価する業務のこと）が降ってくるということでもあります．

2.4 強化学習でさらに賢く

少しだけアドバンスな取り組みとして**強化学習**の適用について説明しておきましょう.

ここまで説明してきた方法はスロットが高々数個といったシンプルなものでした. そのため, フレームの状態から次にどういう対話行為をシステムが行うべきかについては人間が簡単に設計できました. たとえば, 地名のスロットが埋まっていない場合には地名を聞くといったようにです. しかし, スロットが多くなって10個以上になってくるとどこから聞くとよいのかといったことが自明ではなくなり, 人間でも設計が難しくなります. そういった場合には強化学習が有用です. 強化学習とは, 機械学習の一種で, 状況に応じた最適な行動を学習する手法のことです.

強化学習では, ある状態においてどういう行動をすべきかを決定する方策を試行錯誤（たとえば何度も対話をすること）から決定します.

強化学習のために, コンピュータと人間が何度も対話をするのは大変ですから, 一般には人間の代わりのユーザシミュレータを使います. コンピュータ同士で対話をさせるということです. 囲碁で人間の棋士に勝利したAlphaGoはコンピュータ同士で勝負をして強くなったということを聞いたことがあるかもしれません. AlphaGoも強化学習を使っています. AlphaGoは**深層強化学習**という深層学習と強化学習を組み合わせた手法を用いていますが, ここではシンプルな手法である**Q学習**を紹介します. Q学習では, ある状態において, ある行動をすることの価値（**状態行動価値**）を試行錯誤から決定します. 具体的には, コンピュータが人間と何度も対話をして, うまく対話ができたケースを参考に, 状態行動価値をチューニングしていきます. たとえば, ある状態である行動をしたときに対話が成功したとしたら, 次回も同じような状態で同じような行動を取れるようにします. また, そのような状態になるべく近づくように他の状態のときの行動も調整するのです. 以下の説明では, これまで扱ってきた天気情報案内システムを例に取ります. スロットが少ないため, 強化学習の恩恵はあまり与れないかもしれませんが, プログラムの作り方は理解しやすいと思います.

2.4.1 状態の定義

状態の定義はさまざま考えられます．ここでは`frame`のそれぞれのスロットが埋まっているか埋まっていないかをもとに8つの状態を定義します．なぜ8つかというと，`frame`に含まれる，`place`, `date`, `type`のそれぞれが埋まっているか埋まっていないかを表現するので，2の3乗の状態数になるからです．図2.11に8つの状態を示します．たとえば，すべての値が埋まっていないと`000`という状態です．`place`のみが埋まっていると`100`という状態で，すべて埋まっていると`111`という状態です．

状態番号	状態名	placeに値がある（ある=1，なし=0）	dateに値がある（ある=1，なし=0）	typeに値がある（ある=1，なし=0）
1	000	0	0	0
2	001	0	0	1
3	010	0	1	0
4	011	0	1	1
5	100	1	0	0
6	101	1	0	1
7	110	1	1	0
8	111	1	1	1

図 2.11 8つの状態

もちろん，他にも状態の表し方はあるでしょう．`frame`だけでなく，これまでにユーザが何を言ってきたのかを状態に反映してもよいでしょう．ただし，あまり凝りすぎると状態数が多くなってしまい後段で計算量が増えてしまいますので注意しましょう．ここでは8つの状態があるとして話を進めます．

2.4.2 ユーザシミュレータ

ユーザシミュレータとはユーザの行動を模したプログラムです．ここでは，ルールでユーザシミュレータを作ります．どんなユーザを作ればよいかは非常に難しい問題です．ユーザとシステムの対話データを収録し，それらをもとにユーザの挙動を真似るプログラムを作る場合もあります．しかし，コストがかかります．ここでは典型的なユーザを想定してその行動をプログラムで再現します．典型的なユーザの行動とはおおよそ次のようなものだと考えられます.

- 地名を聞かれたら地名を答える.
- 日時を聞かれたら日時を答える.
- 情報種別を聞かれたら情報種別を答える.
- オープンなプロンプト（たとえば,「ご用件をどうぞ」）に対しては，聞きたい内容からいくつかの項目をランダムに伝える．たとえば，地名だけを伝えたり，地名と日時を伝えたり，必要な情報をすべて伝えたりする.
- システムが所望の天気を伝えてきたら会話を終える.
- システムが所望の天気を伝えることができなかったら最初から会話をやり直す.

ユーザシミュレータとは，このような挙動をするプログラムのことです.

2.4.3 状態行動価値の更新

Q学習では，システムとユーザシミュレータとが会話をしながら，状態行動価値を更新していきます．先ほど少し触れましたが，状態行動価値とは，各状態における各行動についての望ましさを表したものです．行動とはシステムが行う行動，すなわち対話行為のことです．今回であれば，`open-prompt`, `ask-place`, `ask-date`, `ask-type`, `tell-info`のことです．つまり，今回の状態行動価値の全体像は図2.12のようなテーブルの形をしています.

最初この値はすべて0になっていますが，この値をシステムとユーザシミュレータとが会話をしながら更新していきます.

Q学習以外の更新手法もありますので，興味のある方は関連書籍を参照してください．『強化学習アルゴリズム入門[4]』は初心者にもわかりやすい良書ですのでお勧めします.

システムが，ある状態1で行動Aを実行したとします．そして，それに対応してユーザ（シミュレータ）が何らかの行動を行い次の状態2になったとします．ま

[4]曽我部東馬，強化学習アルゴリズム入門：「平均」からはじめる基礎と応用，オーム社 (2019)

状態名	open-prompt	ask-place	ask-date	ask-type	tell-info
000	0	0	0	0	0
001	0	0	0	0	0
010	0	0	0	0	0
011	0	0	0	0	0
100	0	0	0	0	0
101	0	0	0	0	0
110	0	0	0	0	0
111	0	0	0	0	0

図 2.12 行動状態価値のテーブル（初期状態）

た，この過程でシステムは何らかの報酬を得たとします．このとき，状態1における行動Aの状態行動価値は以下のように更新できます．なお，状態行動価値のことをQ値と呼びます．

$$
\begin{aligned}
Q(\text{状態}\,1, \text{行動}\,A) = Q(\text{状態}\,1, \text{行動}\,A) + \text{学習率} \\
\times [(\text{報酬} + \text{割引率} \times \text{状態}\,2\,\text{から得られる価値の最大値}) \\
- Q(\text{状態}\,1, \text{行動}\,A)]
\end{aligned}
$$

この式は，状態1における行動Aの状態行動価値を，その行動から得られる報酬と次の状態から得られる価値を足したものと一致するように更新するという意味です．これは直感的にも理解しやすいと思います．学習率とは更新の大きさを表す値で0.1などがよく使われます．割引率とは，次の状態の価値を目減りさせて計算するための係数です．将来得られるだろう価値は不確定な要素があるためです．

2.4.4 状態行動価値の学習

以下のプログラムはシステムとユーザシミュレータが対話をして，状態行動価値を学習するプログラムです．

プログラム 2.17 rl_weather.py

```
1  import random
2
3  # システムの対話行為
4  sys_da_lis = [
5      "open-prompt",
6      "ask-place",
7      "ask-date",
8      "ask-type",
9      "tell-info"]
10
11 # システムの状態
12 states = ["000","001","010","011","100","101","110","111"]
13
14 # Q値（状態行動価値）の初期化
15 Q = {}
16 for state in states:
17     Q[state] = {}
18     for sys_da in sys_da_lis:
19         Q[state][sys_da] = 0
20
21 # フレームを更新
22 def update_frame(frame, da, conceptdic):
23     if da == "request-weather":
24         for k,v in conceptdic.items():
25             # コンセプトの情報でスロットを埋める
26             frame[k] = v
27     elif da == "initialize":
28         frame = {"place": "", "date": "", "type": ""}
29     elif da == "correct-info":
30         for k,v in conceptdic.items():
31             if frame[k] == v:
32                 frame[k] = ""
33     return frame
34
35 # フレームから状態を表す文字列に変換
36 # place, date, type の順に値が埋まっていたら1，埋まってなければ0
37 def frame2state(frame):
38     state = ""
39     for k in ["place","date","type"]:
40         if frame[k] == "":
```

```
41                 state += "0"
42             else:
43                 state += "1"
44         return state
45 
46     # ユーザシミュレータ
47     # ユーザは聞かれたスロットについて的確に答える．
48     # open-promptには聞きたいことをいくつかランダムに伝える．
49     # tell-info によるシステム回答の内容が合っていたらgoodbye をする．
50     # tell-infoの内容が間違っていたらinitializeをする．
51     def next_user_da(sys_da, sys_conceptdic, intention):
52         if sys_da == "ask-place":
53             return "request-weather", {"place": intention["place"]}
54         elif sys_da == "ask-date":
55             return "request-weather", {"date": intention["date"]}
56         elif sys_da == "ask-type":
57             return "request-weather", {"type": intention["type"]}
58         elif sys_da == "open-prompt":
59             while(True):
60                 dic = {}
61                 for k,v in intention.items():
62                     if random.choice([0,1]) == 0:
63                         dic[k] = v
64                 if len(dic) > 0:
65                     return "request-weather", dic
66         elif sys_da == "tell-info":
67             is_ok = True
68             for k,v in intention.items():
69                 if sys_conceptdic[k] != v:
70                     is_ok = False
71                     break
72             if is_ok:
73                 return "goodbye", {}
74             else:
75                 return "initialize", {}
76 
77     # ランダムに行動
78     def next_system_da(frame):
79         # 値がすべて埋まってないとtell-infoは発話できない
80         cands = list(sys_da_lis)
81         if frame["place"] == "" or frame["date"] == "" or frame["type"] ==
```

```
           "":
82          cands.remove("tell-info")
83      sys_da = random.choice(cands)
84      sys_conceptdic = {}
85      if sys_da == "tell-info":
86          sys_conceptdic = frame
87      return sys_da, sys_conceptdic
88
89  # 対話を成功するまで一回実行
90  # intention はユーザの意図，alpha は学習率，gamma は割引率を表す
91  def run_dialogue(intention, alpha=0.1, gamma=0.9):
92      frame = {"place": "", "date": "", "type": ""}
93      while(True):
94          s1 = frame2state(frame)
95          sys_da, sys_conceptdic = next_system_da(frame)
96          da, conceptdic = next_user_da(sys_da, sys_conceptdic, intention)
97          frame = update_frame(frame, da, conceptdic)
98          s2 = frame2state(frame)
99          # 遷移先の状態(s2) から得られる最大の価値を取得
100         da_lis = sorted(Q[s2].items(),key=lambda x:x[1], reverse=True)
101         maxval = da_lis[0][1]
102         if da == "goodbye":
103             # 成功した対話の後の状態は存在しないのでmaxval は 0
104             maxval = 0
105             # Q 値を更新して対話を終わる
106             Q[s1][sys_da] = Q[s1][sys_da] + alpha * ((100 + gamma *
                    maxval) - Q[s1][sys_da])
107             break
108         else:
109             # Q 値を更新
110             Q[s1][sys_da] = Q[s1][sys_da] + alpha * ((0 + gamma * maxval
                    ) - Q[s1][sys_da])
111
112 if __name__ == "__main__":
113     # 十万回対話をして学習
114     for i in range(100000):
115         run_dialogue({"place":"大阪","date":"明日","type":"天気"})
116     # Q 値を表示
117     print(Q)
118     # 各状態で最適な行動をQ 値とともに表示
119     for k,v in Q.items():
```

```
120         da_lis = sorted(Q[k].items(),key=lambda x:x[1], reverse=True)
121         print(k, "=>", da_lis[0][0], da_lis[0][1])
```

4〜12行目はシステムの対話行為や対話状態の定義を行っています．今回は8つの状態を定義しています．今回スロットは3つありますので，place, date, typeの順に値が埋まっていたら1，埋まってなければ0として2の3乗の状態を作っています．また，37〜44行目には現在のスロットから状態を返す関数が定義されています．

15〜19行目はQ値（状態行動価値）の初期化をしています．すべて0にしてあります．

22〜33行目はユーザ発話に基づいてフレームの更新をする関数ですが，ここは従来の天気情報案内システムのものと同様です．

51〜75行目がユーザシミュレータの実装です．ユーザの対話行為についてどのように応答するかを定義しています．intentionというのは，ユーザが頭の中に持っている意図を指しています．たとえば，「大阪の明日の天気を聞きたい」とか「東京の今日の気温を聞きたい」といったことです．これは，フレームと同様の構造で表されています．たとえば，「大阪の明日の天気を聞きたい」であれば，「"place":"大阪","date":"明日","type":"天気"」です．

78〜87行目は，システムの行動を決定する関数が定義されています．可能な対話行為のリストからランダムに選択された対話行為を実行します．天気情報案内（tell-info）は，すべてのスロットが埋まっていないと実行できませんので，スロットのいずれかの値が空の場合は可能な対話行為のリストから除外されます．

91〜110行目がシステムとユーザシミュレータが実際に対話をして，Q値を更新する処理を行う関数です．フレームが空の状態から始まり，システム，ユーザが順に発話して状態を遷移していきます．遷移したあとで，先ほど示した式に従ってQ値を更新します．対話が完了したら（天気情報を伝えたら）1回の対話が終了します．

このプログラムは十万回対話を実行するようにしています．ユーザは毎回intentionとして同じものを保持していますが，今回は，intentionの中身の違いによってシステムの挙動は変化しませんので影響ありません．もちろん，特定の地名によっては行動が変わってしまうといった場合はintentionは変えていく

状態名	open-prompt	ask-place	ask-date	ask-type	tell-info
000	**78.66**	75.1	73.63	74.77	0
001	**83.29**	81	81	74.36	0
010	**82.47**	81	73.05	81	0
011	85.39	**90**	81	81	0
100	**83.76**	74.55	81	81	0
101	86.92	81	**90**	81	0
110	86.93	81	81	**90**	0
111	90	90	90	90	**100**

太字は各状態において最も大きい価値を表す

図 2.13　更新後の行動状態価値のテーブル

必要があるでしょう．たとえば，音声認識などを用いたシステムの場合は，特定の地名が認識しづらかったりすることがあるかもしれません．そのような場合は，聞き取りやすい地名と聞き取りにくい地名の両方を含むように対話を行うことが必要になります．

さて，プログラムを実行することで，得られた状態行動価値のテーブルは図2.13のようになりました．

お手元でも実行してみてください．

```
$ python3 rl_weather.py
```

このテーブルを観察すると各状態でシステムが何をするべきと学習したかがわかります．以下が各状態において最も価値を持っている行動です．最後の数値はQ値を表します．以下で書かれた値と手元で実行した結果の値とは異なるかもしれませんが，心配する必要はありません．それは，プログラム中にランダムな要素があるためです．

```
000 => open-prompt 78.66068707712401
001 => open-prompt 83.2857218004183
```

```
010 => open-prompt 82.46708928034074
011 => ask-place 89.99999999999989
100 => open-prompt 83.75518026406262
101 => ask-date 89.99999999999989
110 => ask-type 89.99999999999989
111 => tell-info 99.99999999999994
```

これを見ると，値が複数埋まっていない場合は，open-promptを実行するようです．open-promptに対してはユーザ（シミュレータ）は複数のスロットの情報を伝えてくることがありますので，こちらのほうがよいというわけです．それ以外については，地名が埋まっていないときは地名，日付が埋まっていなければ日付を，情報種別が埋まっていない場合は情報種別を聞くようになっているようです．そして，スロットがすべて埋まっていたらtell-infoをするようになっています．このように，強化学習を用いることで適切な行動が選択できることがわかります．

2.5　独自のタスク指向型対話システムを作ろう

ここまでタスク指向型対話システムの作り方について，状態遷移とフレームに基づくものを紹介しました．また，フレームベースのシステムの実装に必要となる．機械学習の手法として，SVMやCRFについても解説しました．現状のほとんどのタスク指向型対話システムはここに紹介した手法をベースに作られているといっても過言ではありません．もちろん，深層学習などを用いることで対話行為タイプの推定がより高度化されているといったことはあるかもしれませんが，SVMと比べて劇的に精度が向上するというわけでもありません．ここで紹介した技術を身につけて，ぜひ自分自身のタスク指向型対話システムを作りましょう．

Coffee break

Tay

2016年3月にマイクロソフトからTwitter上に公開されたTayという対話システムを覚えているでしょうか．公開されるやいなや性差別的，人種差別的な発言を繰り返し，すぐにアカウントは公開停止となりました．一説には，「Tayは悪意のあるユーザの発言を学習した結果，不適切な発言を繰り返すようになってしまった」と言われています．しかし，実際はユーザの発言の学習の結果，というのはちょっと語弊があるようです．実はTayにはユーザの発言をそのままオウム返しさせることができる機能があり，この機能により，ひどい発言をオウム返しさせられてしまい，それが拡散されたというのが真相のようです．このように，どんな発言でもオウム返しするようにしてしまったTayの機能には大きな問題があったわけですが，実際，対話システムによる不適切な発言の防止は開発者にとって頭の痛い問題です．

例として「台風はわくわくする」という発言を考えてみましょう．大きな被害が出る災害を褒めることは適切ではないでしょう．ではこの発言をシステムにさせないためにはどうすればよいでしょうか．簡単に思いつくのは禁止リストに「台風はわくわくする」を登録し，リストにある文字列を含む発話をさせないようにするということでしょう．ですが，それでは「火災はうれしい」「干ばつはかっこいい」といった発言を防ぐことはできません．しかも，自然災害+褒めるという組合せ以外にも，不適切な語の組合せは無数に存在します．したがって，禁止リストだけですべての不適切な発言を防止することは困難です．ルールベース方式の場合はルールを適切に作ることで十分対策が可能ですが，用例ベースの場合，用例をかなり用心深く収集する必要があるでしょうし，文を確率的に出力する生成ベースに至っては不適切な発言の生成を防ぐことは原理的にほぼ不可能です．とはいえ，禁止リストを使う方法は実際はかなり強力で，多くの不適切な発言を防ぐことが可能です．ただし，ビジネスなどで対話システムを運用する際は，そういった危険性があることを認識することが必要でしょう．

第3章 非タスク指向型対話システム

非タスク指向型対話システムは，対話すること自体を目的とする対話システムです．とりとめもないよもやま話でユーザを楽しませることが目的のため，**雑談対話システム**と呼ばれることもあります．本章では，非タスク指向型対話システムの作り方を学びます．そもそも雑談をするにはどうすればよいのか？　という素朴な疑問を開始点として，ルールやデータを使って雑談をする対話システムの原理について説明します．本章の最後では，深層学習を用いた雑談対話システムの原理や，対話が失敗していないか自分で判定する対話破綻検出の原理も説明しますので，雑談対話システムの最新の研究まで知識を深めることができます．

3.1　話し相手を作ろう

2章で作ったタスク指向型対話システムは，人の役に立つようなタスクを対話を通して解決するという明確な仕事が与えられていました．一方で，本章で作る非タスク指向型対話システムは，人と話すことが目的という，必要かどうかよくわからない仕事を与えられています．このような対話システムは本当に社会に必要なのでしょうか？

ずばり，必要です．人間はタスクに関する対話をしている間でも，タスクを遂行するためには必要のない発話，つまりは雑談を非常に多く行っています．この雑談は人間同士の対話のみでなく，人間と対話システムの対話でも起こることが知られています．奈良県生駒市の案内を行う対話システム「たけまるくん」の実証実験では，たけまるくんとユーザの間で行われた会話のおよそ半分以上で「たけまるくん、かわいいね」や「今日もいい天気だね」といった雑談が行われていました．さらには，2章で作ったタスク指向型対話システムを作る際に，開始状態に簡単な雑談を入れるだけで，タスクの成功率が向上したり，ユーザの対話システムに対する印象や満足度がよくなったことを報告する研究もあります．

雑談は一見すると意味がなく，時間の無駄のようにも見えます．ですが実際は，人間同士でも，人間と対話システムでも，雑談を行うことで相手と円滑にタスクを進められるように社会的関係を構築したり，どの程度の言葉が通じるのか，どのくらい意思疎通ができるのかを推し量ったりすることができ，陰ながら対話の成功を支える役割をこなす「縁の下の力持ち」なのです．

雑談の必要性がわかったところで，具体的に非タスク指向型対話システムがどのような形態を持ち，どのような原理で雑談を行っているのか解説していきましょう．まずは，1章で説明した目的や主導権といった対話システムの類型を中心とした比較から，タスク指向型対話システムと非タスク指向型対話システムの違いを確認していきます．

表 3.1　タスク指向型対話システムと非タスク指向型対話システムの違い

	タスク指向型対話システム	非タスク指向型対話システム
目　　的	案内や検索など	話すこと自体
人　　数	今回はどちらも一対一	
モダリティ	今回はどちらもテキストまたは音声	
主 導 権	システム主導・ユーザ主導の両方があるが，商用のシステムではシステム主導が多い	システム主導・ユーザ主導の両方がある
身 体 性	今回はどちらも身体なし	
話　　題	目的に関係することのみ	なんでも
対話状態	スロットやフレームから決まる	よくわからない
対話終了	目的を達成したら（対話状態から推定可能）	ユーザが終了したいと思うまで（システムからは推定が困難）

表3.1からもわかりますが，タスク指向型対話システムと非タスク指向型対話システムは異なる特徴を持っています．特に注目する点は，主導権の違いです．2章で作ったようなタスク指向対話システムでは，基本的にシステムがユーザに対して「どこの天気が聞きたいですか？」や「どんなレストランが知りたいですか？」のように能動的に質問をしていました．このような状況をシステム主導と言います．システムが対話の流れを主導しているため，システムに都合の良いように対話を進めることができ，ユーザの発話も簡単に予想でき，また流れに沿わないユーザの発話を受け取らないようにすることもできます．しかし，非タスク

指向型対話システムでは，ユーザからの「最近何か面白いことあった？」や「面白いこと言ってよ！」などと言った質問やフリに対しても答えられるようにしなければなりません．このような状況をユーザ主導と言い，対話の流れや話題をユーザが好きに進めることになります．ユーザ主導の中で，雑談対話をうまく行うためには，ユーザがどんなことを言ってきそうか，どんなことを答えれば面白いと思うのか，といった「ユーザの振る舞い」と「システムの振る舞い」の両方をうまく予想しなければなりません．なので，非タスク指向型対話システムは，システム主導とユーザ主導の両方に対応する必要があります．

3.2 ルールベース方式

ルールベース方式は最もシンプルな非タスク指向型対話システムを実現する方法です．ルールベース方式に限らず，多くの雑談対話はユーザの発話とシステムの応答といった細かいやり取りの集まりであると捉えられます．対話システムは，ユーザの発話を受け取り，それに対して適切な応答をルールや過去の対話例などに従って決定します．対話システムとユーザのやり取りをイメージにすると図3.1

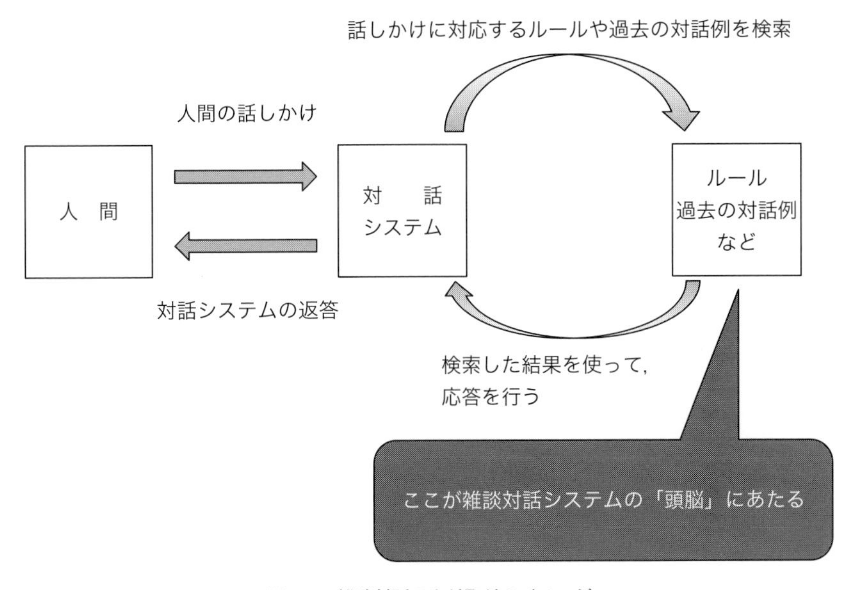

図 3.1 雑談対話のやり取りのイメージ

のようになります.

このように，一問一答のやり取りを繰り返していくことで，ユーザとシステムがずっと対話できるようにしています．応答を決定するときに使うルールや対話例の品質と量が対話システムの賢さを決定します.

今回のルールベース方式の対話システムでは，ルールは事前に人間が決めます．たとえば，ユーザが「おはようございます」と言ったら「ユーザさん、おはようございます」という応答をする，といった具合です．少量のルールではうまくユーザからの発話に受け答えすることはできませんが，ルールを多数用意することで，ユーザのさまざまな発話に対応できるようになります．この方式で作られた対話システムには，世界で最も有名な対話システムの1つである**A.L.I.C.E.**があります．A.L.I.C.E.は，「最も人間に近いと判定された対話システムに与えられる賞」であるローブナー賞を3度も受賞しており，チューリングテスト（詳細は次のコーヒーブレークで説明します）をクリアするのではないかと期待されました（が，チャット上で非常に人間に近い振る舞いをするとはいえ，人と間違えるほどの対話を実現するのは難しく，2019年12月現在でもチューリングテストはクリアできていません）.

Coffee break

チューリングテスト・コンペ事情

対話システムだけでなくコンピュータ科学のさまざまな分野でコンペティションが実施されています．競争原理により，よりよい手法が見いだされていくことは自然なことです．対話システムにおいてもさまざまなコンペが行われています．対話システムの評価の仕方は2つあります．1つは固定のコーパスで評価する客観評価です．もう1つはユーザとの対話で評価する主観評価です．後者の方は人間が絡んできますので，評価は一般にコストがかかります．また，本書で紹介しているように，対話システムにはタスク指向型対話システムと非タスク指向型対話システムがあります．これらの観点で，対話システムに関するこれまでのコンペを表にまとめると以下のようになります.

	客観評価	主観評価
タスク指向型	Dialogue state tracking challenge（DSTC）	DiaLeague, Spoken Diaogue Challenge
非タスク指向型	対話破綻検出チャレンジ（DBDC）, NTCIR Short Text Conversation（STC）	ローブナー賞，Amazon Alexa Prize, Conversational Intelligence Challenge, 対話システムライブコンペティション

ローブナー賞というのはヒュー・ローブナー氏が始めたチューリングテストを行うコンテストです．チューリングテストというのは，対話している相手が人間かシステムかどうかを見分けるテストのことで，見分けがつかなければそのシステムは人間レベルの知能を持っていると判断するというものです．アラン・チューリングが提唱したテストで，対話を用いて人工知能を判断するという点が対話の重要性を物語っているとも言えます．エクス・マキナという映画がありますが，これはチューリングテストが題材になっています．面白く，かつ，示唆に富む映画ですので，まだの方は鑑賞をお勧めします．著者の東中もいくつかのコンペ運営に関わってきました．具体的には，DBDC, STC, 対話システムライブコンペティションです．こうしたイベントの運営はデータの準備，参加者への連絡，まとめ原稿の執筆など大変コストがかかるものですが，自分一人では得られなかった知見が得られることも多く，そういったときはやってよかったという気持ちになります．

A.L.I.C.E.を含めたルールベース方式の対話システムの多くが**AIML**（Artificial Intelligence Markup Language）と呼ばれるマークアップ言語を用いてルールを書いています．AIMLは効率的にルールを作成，管理することができるだけでなく，PythonやRuby，Java，C++，C#といったさまざまなプログラミング言語でAIMLのインタプリタなどを利用することができるため，今でも高い需要があります．さらに，A.L.I.C.E.のクローンや翻訳版のAIML，有志が作ったAIMLをインターネット上からダウンロードすることもでき，簡単に高性能なルールを使った対話システムを作ることができます．AIMLを用いて，簡単な対話システムのルールを書くと以下のようになります（以下はaiml.xmlの抜粋です）．

プログラム 3.1 aiml.xml

```
1  <?xml version="1.0" encoding="UTF-8"?>
2  <aiml version="1.0.1" encoding="UTF-8">
3    <category>
4      <pattern>こんにちは</pattern>
5      <template>ユーザさん，こんにちは</template>
6    </category>
7    <category>
8      <pattern>おはよう</pattern>
9      <template>おはようございます</template>
10   </category>
11   <category>
12     <pattern>おはよう ござい ます</pattern>
13     <template><srai>おはよう</srai></template>
14   </category>
15   <category>
16     <pattern>こんばんは</pattern>
17     <template>ユーザさん，こんばんは</template>
18   </category>
19 </aiml>
```

XMLの記法がよくわからなくても，なんとなく，`pattern`と言う要素と`template`と言う要素が対応しているのがわかると思います．AIMLのルールの詳細な書き方は，この後の3.2.2項で解説していきます．

3.2.1 ルールの種類

AIMLの他にも，音声での対話を行うためのルール形式や，より高性能な機能を持つルール形式も提案されてきました．

たとえば，音声での対話を行うためのルール形式で**VoiceXML**があります．VoiceXMLでは，AIMLやSCXMLと同じくXMLのファイル形式に，どのような音声をやりとりするかというルールが記述されています．雑談対話システムのルールに対しても使えますが，どちらかといえばタスク指向型対話を音声のやりとりで行うことを目的としています．

AIMLの機能に加え，再帰処理や文脈の制約といった，より高度な対話を実現するための機能を有した**xAIML**（エックスエーアイエムエル，もしくは，ザイムル）というルール形式も提案されています．xAIML形式はNTTドコモの対話システムでも使われており，まさに現代まで進化を続けてきたAIMLの姿と言えるでしょう．本書を読み切った後に，ルールベース方式の対話システムに興味が出たのであれば，xAIMLを使って対話システムが構築できる自然対話プラットフォームSUNABA[1]に触れてみてください．

3.2.2 ルールの作り方

ここでは，最も基本的な形式であるAIMLを使い，実際にルールベース方式の対話システムを作っていきます．まずは，先ほども見せたAIMLのルールを見ながら，ルールの書き方と，AIMLの持つ機能について見ていきましょう．

プログラム 3.2 aiml.xml

```
1  <?xml version="1.0" encoding="UTF-8"?>
2  <aiml version="1.0.1" encoding="UTF-8">
3    <category>
4      <pattern>こんにちは</pattern>
5      <template>ユーザさん，こんにちは</template>
6    </category>
7    <category>
8      <pattern>おはよう</pattern>
9      <template>おはようございます</template>
10   </category>
11   <category>
12     <pattern>おはよう ござい ます</pattern>
13     <template><srai>おはよう</srai></template>
14   </category>
15   <category>
16     <pattern>こんばんは</pattern>
17     <template>ユーザさん，こんばんは</template>
18   </category>
19 </aiml>
```

このAIMLを見ていくと，1つのルールの単位は`category`要素によって囲まれた箇所に該当することがわかります．`category`より上位の要素である`xml`，`aiml`は，このファイルがXML形式であり，その中身がAIML形式に則った内容である

[1] https://docs.xaiml.docomo-dialog.com/

ことを宣言しています．つまり，ルールを追加するときは，以下のような category 要素単位で追加していくことになります．

プログラム 3.3 aiml ルールの最小単位

```
1 <category>
2   <pattern>ユーザの発話</pattern>
3   <template>システムの応答</template>
4 </category>
```

ここからは，いくつかのルールを例にあげながら，ルールの書き方を詳しく説明していきます．まず，すべての AIML のルールでは，category 要素は必ず pattern 要素と template 要素を含んでいます．pattern 要素には，ユーザが話した内容を，template 要素にはシステムが話す内容を書きます．pattern 要素の中身は，単語ごとにスペース区切りになっていなければなりません．ルールを書いて，うまくシステムが動かないときは，MeCab を起動して，形態素解析結果を見ながら，単語区切りが合っているのか確認しながら調整をしてみてください．MeCab で形態素解析結果を確認するには，コンソール上で次のようにコマンドを実行して，解析したい文を入力していきます．

```
$ mecab -Owakati
今日のご飯はステーキです
今日 の ご飯 は ステーキ です
```

先ほどのルールでは，ユーザが「こんにちは」と話したとき，システムが「ユーザさん，こんにちは」と応答するようなルールが入っています．これらの pattern 要素と template 要素の関係は，pattern 要素と一致する発話をユーザがした際に，template 要素をシステムが応答として出力する，いわゆる If-Then の関係になっていて，Python のプログラムとして書けば，以下のようになります．

```
if ユーザ発話の中身==patternの中身:
    システム応答の中身=templateの中身
```

つまり，pattern 要素の中身とユーザの発話が完全一致していなければ，このルールは使えません．

"_"（アンダースコア）記法と"*"（アスタリスク）記法

人によって話し方が変わったり，話す前に「あー，こんにちは」とか「えーっと，こんにちは」のように一呼吸入れる人も多いです．このようなちょっとした差異を受け入れるための記法が「_」（アンダースコア）と「*」（アスタリスク）です．「_」と「*」は，正規表現の任意の1文字以上とマッチするような挙動をします．両方とも挙動は同じですが，「_」と「*」はマッチングの優先度が違い，「_」のほうが優先度が高いです．先ほどの例では，「こんにちは」の前にちょっとした単語や文が入っていました．pattern 要素に「_ こんにちは」と入れることで，「あー、」とか「えーっと、」のような部分を無視して「こんにちは」とマッチさせることができます．つまり，マッチさせたい単語の前後や文の前後など，余計な単語が入りやすいところに「_」や「*」を入れることによって，正規表現の任意の文字列を許容するような挙動をすることができます．

```
1  <category>
2    <pattern>_ こんにちは</pattern>
3    <template>こんにちは、ユーザさん</template>
4  </category>
```

この例では，「はい、こんにちは」とか「はじめまして、こんにちは」といった「こんにちは」の前になんらかの単語や文が入っていても，「こんにちは、ユーザさん」を出力するルールにマッチするようにしています．ただし，「こんにちは！！」のような，「こんにちは」の後ろに何らかの単語や文が入った場合はマッチしません．これに対応するには「こんにちは _」や「_ こんにちは _」という pattern 要素を持つルールを用意しましょう．この記法は話題となる単語と，それに対する意見を組み合わせるルールを書くときによく使います．たとえば，以下のように書くことで，ユーザがなんらかの話題について話したとき，それについてシステムが意見を言うルールを作ったりします．

```
1  <category>
2    <pattern>_ 大阪 _</pattern>
3    <template>大阪といえばたこ焼きですね．</template>
4  </category>
```

```
5  <category>
6    <pattern>_ たこ焼き _</pattern>
7    <template>粉物は美味しいよね．</template>
8  </category>
```

star 記法

_記法，*記法の応用として，それにマッチした文字列を応答で再利用できる star 記法があります．この記法を使うことで，たとえば次の例のような復唱をするルールも書くことができます．

```
1  <category>
2    <pattern>* へ 旅行 に 行き まし た</pattern>
3    <template><star/>に旅行ですか，いいですね．</template>
4  </category>
5  <category>
6    <pattern>食べ物 だ と * が 好き です</pattern>
7    <template>私も<star/>が好きです</template>
8  </category>
```

このように，ユーザの言った内容をうまく復唱したり，応答で使うことで，いかにもシステムがユーザの話した内容を聞いている，理解しているように振る舞うことができます．

get/set 記法

star 記法でユーザの発話を再利用することができましたが，これはあくまで発話と応答の間で利用する方法でした．たとえば，ユーザの名前や年齢を覚えたい場合，以下のようなルールを書けば1回は呼び返すことができます．

```
1  <category>
2    <pattern>私 の 名前 は * です</pattern>
3    <template><star/>さんですか，よろしくお願いします．</template>
4  </category>
```

しかし，この方法ではそれ以外の応答時にユーザの名前を呼んだりすることはできません．そこで使われるのが，get/set記法です．get/setはプログラムの変数に内容を記録するように，ユーザの発話から抜き出した文字列を保存しておくことができます．この機能を使えば，以下のように最初の挨拶で聞いた名前を覚えておいて，別れの挨拶のときに名前を呼ぶこともできます．

```
1 <category>
2    <pattern>私 の 名前 は * です</pattern>
3    <template><set name="username"><star/></set>さんですか。よろしくお願いし
         ます。</template>
4 </category>
5
6 <category>
7    <pattern>さようなら</pattern>
8    <template><get name="username"/>さん、さようなら。またお話ししましょう。</
         template>
9 </category>
```

また，think記法を使えば，応答で単語を復唱することなく，set/getを使うこともできます．以下の例では，名前を教えたときは名前を呼んでくれませんが，さようならと言ったときは名前を呼んでくれます．

```
1  <category>
2     <pattern>私 の 名前 は * です</pattern>
3     <think><set name="username"><star/></set></think>
4     <template>ふーん、そうなんだ</template>
5  </category>
6
7  <category>
8     <pattern>さようなら</pattern>
9     <template>じゃあね、<get name="username"/>さん。</template>
10 </category>
```

that記法

that記法は対話でより複雑な制御を実現するための機能です．複雑な制御というのは，今までユーザが直前に言ったことに対してシステムが言う内容を決めていましたが，もう1つ前のシステムが言った内容と，ユーザがそれになんと返したかに応じてシステムが話す内容を変える，すなわち，2つの発話から次の応答を決めるということです．

たとえば，ユーザが映画の話をしたら，システムが「最近面白い映画を見ましたか？」と質問します．それに対して，ユーザが「はい」といえば「なんというタイトルですか？」と続け，ユーザが「いいえ」と答えたら「私のオススメはスターウォーズですよ！　とっても面白いです」と答えます．

あるいは，ユーザが映画の話ではなく好き嫌いの話をしたら，システムが「ラーメンは好きですか？」と質問し，ユーザが「はい」といえば「どこのお店がオススメですか？教えてください」と続け，「いいえ」と答えたら「人生の半分は損してますね！」と答えます．

こんなように「はい」「いいえ」という同じユーザ発話でも，その1つ前の発話との関係を見ながらシステムが反応するルールを書くときに，that記法が必要になります．今の例を実際のルールで見てみましょう．

```
1   <category>
2       <pattern>* 映画 *</pattern>
3       <template>最近面白い映画を見ましたか？</template>
4  </category>
5   <category>
6       <pattern>はい</pattern>
7       <that>最近面白い映画を見ましたか？</that>
8       <template>なんと言うタイトルですか？</template>
9  </category>
10  <category>
11      <pattern>いいえ</pattern>
12      <that>最近面白い映画を見ましたか？</that>
13      <template>私のオススメはスターウォーズですよ！とっても面白いです.
            </template>
14 </category>
15
```

```
16  <category>
17      <pattern>* 好き嫌い *</pattern>
18      <template>ラーメンは好きですか？</template>
19  </category>
20  <category>
21      <pattern>はい</pattern>
22      <that>ラーメンは好きですか？</that>
23      <template>どこのお店がオススメですか？教えてください</template>
24  </category>
25  <category>
26      <pattern>いいえ</pattern>
27      <that>ラーメンは好きですか？</that>
28      <template>人生の半分は損してますね！</template>
29  </category>
```

topic記法

that記法では1つ前の発話を考慮していましたが，1つ前の発話のみでなく，ある話題について長く話すようなルールを書くためにはtopic記法を使います．たとえば，ユーザが「最近の趣味は○○なんだ」と話したとき，この後の対話はおそらくユーザの趣味が話題として続くと期待できます．そのような場合は，topic記法を使って趣味の内容についてより具体的にシステムが話せるようにします．

```
1   <category>
2      <pattern>最近 の 趣味 は 漫画 な ん だ</pattern>
3      <template>漫画か～</template>
4      <think><set name="topic">漫画</set></think>
5   </category>
6
7   <category>
8      <pattern>最近 の 趣味 は ラーメン な ん だ</pattern>
9      <template>ラーメンか～</template>
10     <think><set name="topic">ラーメン</set></think>
11  </category>
12
13  <topic name="漫画">
14     <category>
15        <pattern>オススメ は ？</pattern>
```

```
16          <template>野球漫画が好きです</template>
17      </category>
18      <category>
19          <pattern>好き ？</pattern>
20          <template>まぁまぁかな</template>
21      </category>
22  </topic>
23
24  <topic name="ラーメン">
25      <category>
26          <pattern>オススメ は ？</pattern>
27          <template>醤油ラーメンが好きです</template>
28      </category>
29      <category>
30          <pattern>好き ？</pattern>
31          <template>大好き！</template>
32      </category>
33  </topic>
```

この例では，ユーザの趣味が漫画だった場合にオススメを聞かれたときは「野球漫画が好き」と答え，ユーザの趣味がラーメンだった場合はオススメを聞かれたときに「醤油ラーメンが好き」と答えます．いつでもユーザが「漫画でオススメは？」とか「映画でオススメは？」と言ってくれればよいのですが，日本語は主語や目的語の省略が非常に多い言語で，大抵の会話では漫画の話をしていれば「オススメは？」と聞くだけで漫画のオススメは何か聞いているとわかってくれるだろう，と期待をします．このような話題に応じた応答の処理をできるようにするのが topic 記法の役割です．

random 記法

ルールベース方式の対話システムで最も大きな問題の1つは応答のマンネリ化です．たとえば，システムに「元気ですか？」と毎日聞いても，毎回「そこそこですね」という返答が返ってくると，ユーザは同じ返答に飽きてしまい，話しかけなくなったり，その話題を聞かなくなったりします．このようなワンパターンな応答を避けるためには，同じユーザの発話に対して複数の応答を用意して，ランダムに選び直すようにしなければなりません．そこで使うのが random 記法です．

以下の例では，ユーザの「元気ですか？」と言う問いかけに対して，ランダムにその日の調子を答えるようなルールを書いています．

```
1  <category>
2    <pattern>元気 です か ？</pattern>
3    <template>
4      <random>
5        <li> とっても元気！</li>
6        <li> まぁまぁかな </li>
7        <li> ぼちぼちでんな </li>
8        <li> ちょっとつらい </li>
9      </random>
10   </template>
11 <category>
```

この random 記法では，「<random>〜</random>」要素の中に「<li>〜</li>」記法で囲んだ複数の応答の候補を書いておきます．このルールが呼び出されたとき，複数の応答の候補の中から，ランダムに1つ選んで，システムは応答を行います．

srai 記法

最後に，AIML でルールを書いていくと，複数のルールで同じ応答を書くことになるケースがしばしばあります．たとえば，「好きな食べ物はなんですか？」と「食べ物だと何が好き？」だと，システムの応答は同じ内容になります．これをルールで書くとき，以下のように書くと，もし好きな食べ物をたこ焼きからラーメンに変えたいとき，たくさんのルールを書き換えないといけません．

```
1  <category>
2    <pattern>好き な 食べ物 は なん です か ？</pattern>
3    <template>たこ焼きが好きです</template>
4  </category>
5    <category>
6    <pattern>食べ物 だ と 何 が 好き ？</pattern>
7    <template>たこ焼きが好きです</template>
8  </category>
9      <category>
10   <pattern>食べ物 * 好き ？</pattern>
```

```
11    <template>たこ焼きが好きです</template>
12  </category>
```

このような，同じ応答をするルールをまとめるためにsrai記法があります．srai記法はtemplate内で別のcategoryのtemplateを参照することができる機能です．

```
1   <category>
2     <pattern>好き な 食べ物</pattern>
3     <template>たこ焼き</template>
4   </category>
5   <category>
6     <pattern>好き な 食べ物 は なん です か ？</pattern>
7     <template><srai>好き な 食べ物</srai></template>
8   </category>
9   <category>
10    <pattern>食べ物 だ と 何 が 好き ？</pattern>
11    <template><srai>好き な 食べ物</srai></template>
12  </category>
13  <category>
14    <pattern>食べ物 * 好き ？</pattern>
15    <template><srai>好き な 食べ物</srai></template>
16  </category>
```

1つめのルール以外，templateの中では「<srai>好きな食べ物</srai>」と言う内容が入っているのがわかると思います．これは，1つめのルールのtemplateの中身である「たこ焼き」を出力するように参照しています．

```
<category>
  <pattern>好き な 食べ物</pattern>
  <template>たこ焼き</template>
</category>
```

このように，あるルールから別のルールを参照をして何が嬉しいのかと言うと，1つめのルールのtemplateを「ラーメン」に書き換えるだけで，「好きな食べ物はなんですか？」でも「食べ物だと何が好き？」でも，他のsrai記法で「好きな食べ物」を参照しているルールではすべて出力が「ラーメン」に置き換えることができます．これで，ルールを大量に増やしても，sraiで参照をしている先だけ更新すれば，1回で多くのルールを更新できるようになり，一つひとつ修正する手間が省けます．

ここまで，AIMLで使われるさまざまなルールの書き方について解説してきました．ここからは，ルールベース方式の対話システムを作る上で重要なポイントを紹介していきます．

このポイントは，前のコーヒーブレークで取り上げた対話システムライブコンペティションに伴って開催された対話システム作成の講習会で，筑波大学の飯尾尊優先生が解説していた「対話システムにおけるシナリオ作成の秘訣[2]」の一部です．

それは「大量にルールを作って賢い対話システムを作ろう」と思わないことです．ルールを作るコツは，少しの汎用性のあるルールでうまく対話をデザインすることです．たとえば，「北海道が好き」とユーザが言ったら「五稜郭がいいよね」と，「沖縄に行った」と言ったら「海も空も綺麗だよね」と答えるルールを作ろうとすると，ルールの量は膨大になります．そこで，*記法やthat記法をうまく使い，以下のようなルールを書くことで，少ないルールであっても，ユーザのどのような発話に対しても，システムが上手く反応して，話を聞いているように見せることができます．

```
1  <category>
2        <that>はじめまして！最近、どこに出かけられましたか？</that>
3        <pattern>*</pattern>
4        <template>
5          <random>
6            <li> そうなんですか、楽しかったですか？</li>
7            <li> へー、何か面白いことありました？</li>
8            <li> そうなんですね。私は北海道に行きました。北海道に行ったことはあり
                  ますか？ </li>
9            <li> なるほどね。誰と行ったんですか？ </li>
10         </random>
11       </template>
12    </category>
13   <category>
14       <that>そうなんですか、楽しかったですか？</that>
15       <pattern>*</pattern>
```

[2] https://youtu.be/GArldtAH8O0

```
16        <template>
17          <random>
18            <li> そうなんですか、他に最近何か楽しかったことは？</li>
19            <li> へー、ちなみに誰と行ったんですか？</li>
20            <li> そうなんですね。また行きたいですか？ </li>
21            <li> なるほどね。誰と行ったんですか？ </li>
22          </random>
23        </template>
24      </category>
25      <category>
26        <that>へー、何か面白いことありました？</that>
27        <pattern>*</pattern>
28        <template>
29          <random>
30            <li> そうなんですか、他に最近何か楽しかったことは？</li>
31            <li> へー、ちなみに誰と行ったんですか？</li>
32            <li> そうなんですね。また行きたいですか？ </li>
33            <li> なるほどね。誰と行ったんですか？ </li>
34          </random>
35        </template>
36      </category>
```

このようなルールを書けば，対話システムがユーザを質問責めにして，ユーザがどんな回答をしても対話を継続することができます．また，似たような文面で，旅行，趣味，出来事，本，映画……など，さまざまな話題について話すことができますし，get/set 記法を使うことで，より少ないルールでより賢く話すこともできます．また，srai 記法を使えば，よりメンテナンスしやすく，再利用しやすいルールにすることができます．細かいルールをたくさん作るのではなく，うまく対話を誘導するルールを作ることが，ルール形式で賢い対話システムを作るための秘訣です．

3.2.3 ルールの使い方

次に，先ほど作ったAIMLのルールを使って動く対話システムを作ります．AIML自体はXMLの形式で書かれているので，簡単に解析できますが，Pythonのモジュールに AIML の解析器があるので，今回はこれを利用します．まずはコンソール上で次のコマンドを実行して，AIML のライブラリをインストールします．

```
$ pip3 install python-aiml==0.9.3
```

続いて，AIML を用いた対話システムのプログラムを見ていきます．

プログラム 3.4 aiml_system.py

```
1  import aiml
2  import MeCab
3  from telegram_bot import TelegramBot
4
5  class AimlSystem:
6      def __init__(self):
7          # セッションを管理するための辞書
8          self.sessiondic = {}
9          # 形態素解析器を用意
10         self.tagger = MeCab.Tagger('-Owakati')
11
12     def initial_message(self, input):
13         sessionId = input['sessionId']
14         # AIML を読み込むためのインスタンスを用意
15         kernel = aiml.Kernel()
16         # aiml.xml を読み込む
17         kernel.learn("aiml.xml")
18         # セッションごとに保存する
19         self.sessiondic[sessionId] = kernel
20
21         return {'utt':'はじめまして，雑談を始めましょう', 'end':False}
22
23     def reply(self, input):
24         sessionId = input['sessionId']
25         utt = input['utt']
26         utt = self.tagger.parse(utt)
27         # 対応するセッションの
               kernel を取り出し，respond でマッチするルールを探す
28         response = self.sessiondic[sessionId].respond(utt)
29         return {'utt': response, 'end':False}
30
31 if __name__ == '__main__':
32     system = AimlSystem()
33     bot = TelegramBot(system)
34     bot.run()
```

このプログラムでは，2つの重要な処理があります．1つめは，AIMLのファイルから，対話システムにルールを読み込ませる部分です．これは17行目の`kernel.learn("aiml.xml")`にあたります．

2つめは，読み込んだAIMLに従って，応答を取り出す部分です．これは28行目の`response = self.sessiondic[sessionId].respond(utt)`にあたります．入力されたユーザの発話をAIMLに渡し，ルールに照らし合わせて適切な応答を探していきます．また，2章で作ったweather_system.pyと同様に，sessiondicを使ってセッションごとにAIMLの状態を保存することで，対話ごとの`star`記法や`get/set`記法で記憶した情報を管理しています．

それでは，プログラムを実行して，実際に対話をしてみましょう．以下のコマンドを実行し，Telegramから会話してみましょう．

```
$ python3 aiml_system.py
```

どうですか？　先ほど書いたルールの通りに動いたでしょうか．もし期待通りに動かなかったときは，単語区切りがどこにあるのかに注意しながらルールの`pattern`部分を今一度見直してみてください．

Coffee break

評価

対話システムの，特に雑談対話システムを作る人がいつも頭を悩ませること，それが対話システムの評価です．対話システムを評価する際には，客観評価指標と主観評価指標の2つがよく用いられます．主観評価指標というのは，対話システムとユーザが実際に対話を行い，対話がどのくらいうまくいったかとか，どんな印象を受けたかをアンケートを使って評価します．主観評価指標は，人が評価するため正確ですが，時間も労力もかかります．

もう1つの客観評価指標というのは，事前に「こういう対話ができたらOK」とか「あるユーザの発話に対してシステムがこの応答を返せればOK」というのを決めておいて，それがどのくらい達成されたかを計ります．主観評価指標と違い，答えになるデータと似ているかどうかを判定する方法さえ決まっていれば，客観評価指標は簡単に計算できるので時間も労力もあまりかかりません．なので，入力と出力の対応が一意に定まり，文が似ているかどうかも比較的判定しやすい機械翻訳などの分野では非常に有効です．ですが，対話では実はそれほど有効ではなく，客観評価指標でとても良い成績が出たとしても，人と話すと意外とダメダメ……ということも少なくありません．

この原因は，対話が人の好みやその場の状況によって大きく変化するからです．たとえば，客観評価指標を計算するためのデータに「友達同士の会話」を使ったのに対して，主観評価指標をする際には対話システムと被験者（評価をする人）は初対面になると，被験者は「初めまして」と話し始めるのに対して，対話システムは「久しぶり〜元気？」と答えてしまい，全然対話が噛み合わないこともおきます．

また，対話システムを評価するための入力と出力，ユーザの質問とシステムの回答といったペアが一意に定まらないことも多いです．たとえば，「好きな食べ物は？」には「ラーメン」と答えても「カレー」と答えても「からあげ」と答えても，どれも人間から見たら変ではありません．ですが，客観評価指標を計算するデータに「焼肉が好き」のような別の回答が入っていた場合，先ほどの回答はすべて不正解ということになります．このような，人間から見たときの対話のうまさと，コンピュータが，もしくはデータから見る対話のうまさの乖離が，客観評価指標と主観評価指標との乖離を生んでいるのです．

3.3 用例ベース方式

ルールベース方式では自由に話す内容を作れる分だけ，自由度が高く，制御しやすい対話システムが作成できます．しかし，ルールを増やし，それらがちゃんと動くか確かめるためには非常に多くの労力がかかります．

少ない労力でできるだけ高性能な対話システムを作りたい，そのような需要を満たすために考えられた方法が**用例ベース**方式の手法です（**検索ベース**とも言われます）．この手法では，チャットや掲示板で（または映画や演劇などの台本を使って）人間同士がどのようなことを言われたときに，どのように言い返すのか，というデータ（**用例**と呼ばれます）を集めて，それを参考に発話を決めていきます．このような手法で設計された対話システムには，Jabberwacky や George が有名で，これらのシステムは人間と対話システムとのチャットの結果を用例として用います．

今回は，付録で解説している，クラウドソーシングで集めた人間同士の対話データを使って，用例ベースの非タスク指向型対話システムを作ります．対話システムの動作のイメージは図3.2のようになります．

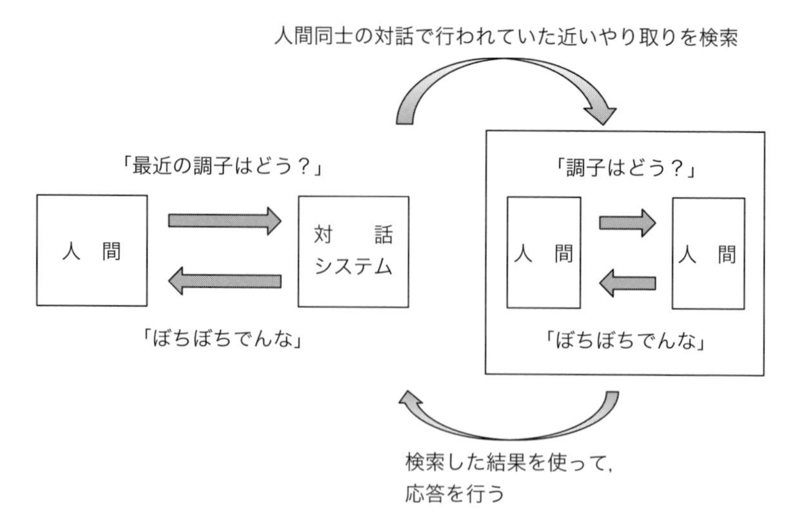

図 3.2 用例ベース方式のイメージ

まずは，用例ベース方式の対話システムの作成に必要な`Elasticsearch`という全文検索エンジンをインストールします．

Elasticsearchはアクセスログの解析やブログ，書類の検索といったさまざまな用途に用いられており，大量の文書データの中から高速に文書を探し出すことができます．用例ベース方式の対話システムでも，大量の用例の中から適切な用例を高速に見つけ出す必要があるので，このElasticsearchを活用します．

まずはElasticsearchをダウンロードして，展開します．WindowsとmacOSで異なるコマンドを実行する必要があるので，それぞれの環境に合わせて以下のコマンドを実行してください（紙面の都合上，改行されていますが`curl`から始まる行は1行で入力してください．また，“`-O`”はハイフン オーです．ハイフン ゼロと間違えないようにしましょう）．

Windows

```
$ cd
$ cd dsbook
$ curl -O https://artifacts.elastic.co/downloads/elasticsearch/
```

```
  elasticsearch-7.5.1-linux-x86_64.tar.gz
$ tar -xzf elasticsearch-7.5.1-linux-x86_64.tar.gz
```

macOS

```
$ cd
$ cd dsbook
$ curl -O https://artifacts.elastic.co/downloads/elasticsearch/
  elasticsearch-7.5.1-darwin-x86_64.tar.gz
$ tar -xzf elasticsearch-7.5.1-darwin-x86_64.tar.gz
```

Elasticsearchが正しくインストールできたかを確認するために，Elasticsearchを起動してみます．このコマンドはWindowsとmacOSで共通なので，どちらもそのまま入力してください．もし,「could not find java in JAVA_HOME at ...」というエラーが表示されたら，環境変数のJAVA_HOMEを適切なものに設定してください．

```
$ cd elasticsearch-7.5.1/
$ ./bin/elasticsearch
...
[2019-01-01T00:00:00,000][INFO ][o.e.t.TransportService   ] [-XXXXXX]
 publish_address {127.0.0.1:9300}, bound_addresses {[::1]:9300},
 {127.0.0.1:9300}
```

いろいろなメッセージが表示され，Elasticsearchが起動したと思います．起動している間，このコンソールは操作できないので，新しくコンソールを起動します．次のコマンドを入力して，Elasticsearchにアクセスできるか確認します．

```
$ curl localhost:9200
{
  "name" : "-aFvG62",
  "cluster_name" : "elasticsearch_user",
  "cluster_uuid" : "aiueo123456789xyz",
  "version" : {
    "number" : "7.5.1",
    "build_flavor" : "oss",
    "build_type" : "tar",
    "build_hash" : "1fad4e1",
```

```
    "build_date" : "2019-06-18T13:16:52.517138Z",
    "build_snapshot" : false,
    "lucene_version" : "7.7.0",
    "minimum_wire_compatibility_version" : "5.6.0",
    "minimum_index_compatibility_version" : "5.0.0"
  },
  "tagline" : "You Know, for Search"
}
```

このように，Elasticsearchのバージョンやクラスター名などに関する情報が取得できれば，Elasticsearchがちゃんと動いており，アクセスもできているということです．なお，環境によって出力される内容は若干異なります．確認ができたら，新しく起動したほうのコンソールはもう使いませんので，以下のように「exit」コマンドを入力して終了してしまいましょう．

```
$ exit
```

次は，Elasticsearchで日本語の全文検索をするためのプラグイン（追加機能）を入れていきましょう．Elasticsearchを起動したほう（./bin/elasticsearchのコマンドを実行して，いろいろなメッセージが出たほう）のターミナルに戻り，Ctrl+cキーを押してElasticsearchを終了します．Elasticsearchで日本語の全文検索をするためには，“analysis-kuromoji” というプラグインが必要になります．kuromojiは1章でインストールしたMeCabのような形態素解析器の一つです．本書のPythonのプログラム中では利用しませんが，Elasticsearchが日本語の全文検索を行うためには必須となりますので，以下のコマンドをコンソールで実行してインストールしてください．

```
$ ./bin/elasticsearch-plugin install analysis-kuromoji
```

これで，Elasticsearchのインストールがすべて完了しました．

最後に，ElasticsearchにPythonからアクセスするためのライブラリをインストールしていきます．以下のコマンドを実行してください．

```
$ pip3 install elasticsearch==7.5.1
```

PythonからElasticsearchにアクセスできるか確かめるために，ElasticsearchとPythonを両方起動して，接続確認をしてみます．まずは，以下のコマンドを実行してElasticsearchをデーモン（バックグラウンド）起動します．

```
$ ./bin/elasticsearch -d -p pid
```

そして，Pythonを対話モードで起動します．

```
$ python3
```

続いて，以下を入力してください．

```
>>> from elasticsearch import Elasticsearch
>>> es = Elasticsearch()
>>> es.ping()
```

「`es = Elasticsearch()`」はPythonからElasticsearchに接続するためのクラスで，「`es.ping()`」はElasticsearchのサーバと疎通しているか確認するためのメソッドです．「`es.ping()`」を行ったときに`True`と表示されれば，Elasticsearchの起動とPythonからのアクセスができています．確認できたら「`exit()`」と入力して，Pythonを終了してください．

用例ベース対話システムを動かす際には，Elasticsearchの起動が必要です．Elasticsearchにアクセスできず，もし「おかしいな？」と思ったら以下のコマンドを実行し直してみてください．

```
$ ./bin/elasticsearch -d -p pid
```

また，まだ実行しなくて構いませんが，用例ベースの対話システムを終了した後には，以下のコマンドを実行してデーモン起動しているElasticsearchを終了するのも忘れないでください．

```
$ pkill -F pid
```

それでは，インストールしたElasticsearchの中に，用例データを入れていきましょう．ここで使用する用例データであるdialogue_pairs.txt（dsbookフォルダ内にあります）は，クラウドソーシングによって収集した話者2名による雑談対話から，応答ペアとなっている2発話を列挙したデータです（データの収集方法に興味のある人は，巻末の付録を参照してください）．

Elasticsearchの中にデータを入れるためのプログラムは以下のようになります．

プログラム 3.5　insert.py

```
1  from elasticsearch import Elasticsearch, helpers
2  # elasticsearchに接続する
3  es = Elasticsearch()
4
5  # ファイルから用例データを読み出す関数
6  def load():
7      # ファイルを開く
8      with open('./dialogue_pairs.txt') as f:
9          for i, __ in enumerate(f):
10             print(i, '...', end='\r')
11
12             # タブ区切りになっているので，タブで分割
13             __ = __.split('\t')
14             query = __[0].strip()
15             response = __[1].strip()
16             # Elasticsearchに投入するデータ形式にして返す
17             item = {'_index':'dialogue_pair', '_type':'docs', '_source
                       ':{ 'query':query, 'response':response }}
18             yield item
19
20 if __name__ == '__main__':
21     # バルクで(まとめて)データを投入する
22     print(helpers.bulk(es, load()))
```

dsbookフォルダで，次のコマンドを実行して，用例データをElasticsearchの中に入れましょう．

```
$ cd
$ cd dsbook
$ python3 insert.py
```

実行すると，しばらく数字がカウントアップされていき，最終的には「(10620, [])」と表示されます．これで，用意していた発話と応答のデータをElasticsearchの中に入れることができました．

次は，Elasticsearchに入れた用例データを使って対話をするプログラムについて解説していきます．

まずは，プログラムの実行に必要なライブラリをインストールします．これらのライブラリは後述する応答選択で類似度を計算するために使いますので，事前にコンソール上で次のコマンドを実行してインストールを済ませておいてください．

```
$ pip3 install python-Levenshtein==0.12.0
$ pip3 install gensim==3.8.1
$ pip3 install pyemd==0.5.1
```

また，コサイン類似度の計算ではsklearnを使いますが，これは2章でインストールをしていますので，ここでは省略しています．

次に，プログラムの解説をしていきます．プログラムの大まかな流れは次のようになっています．

- Elasticsearchに接続する
- ユーザ発話を使ってElasticsearchから応答候補を検索する
- 対応する応答を取り出す

このフローを実施するプログラムは，以下のようになります．

プログラム 3.6 ebdm_system.py

```
1  from telegram_bot import TelegramBot
2  from elasticsearch import Elasticsearch
3  import MeCab
4  # コサイン類似度で使うライブラリ
5  from sklearn.metrics.pairwise import cosine_similarity
6  from sklearn.feature_extraction.text import CountVectorizer
7  # レーベンシュタイン距離で使うライブラリ
8  import Levenshtein
9  # word mover's distanceで使うライブラリ
10 from gensim.models import Word2Vec
```

```
11
12  # MeCabの初期化とエラー回避のための1回目parse
13  tagger = MeCab.Tagger('-Owakati')
14  tagger.parse("")
15  # w2vモデルの読み込み
16  try:
17      w2v = Word2Vec.load('./word2vec.gensim.model')
18  except:
19      pass
20
21  # 類似度の評価関数
22  # コサイン類似度
23  def cosine(a, b):
24      # 2章で発話のベクトル化をした時と同じように，
            sklearnのvectorizerを使って単語頻度ベクトルを作る
25      # token_patternというのは，単語をどのように切り分けるかを指定するもので，
             今回は空白で区切られていれば1単語とする，としています．
26      a, b = CountVectorizer(token_pattern=u'(?u)\\b\\w+\\b').
            fit_transform([tagger.parse(a), tagger.parse(b)])
27      # cosine_similarityでコサイン類似度を計算する
28      return cosine_similarity(a, b)[0]
29
30  # レーベンシュタイン距離
31  def levenshtein(a, b):
32      # Levenshtein距離を計算する，これは距離なので-をつける
33      return -Levenshtein.distance(a, b)
34
35  # word mover's distance
36  def wmd(a, b):
37      # mecabで単語に区切る
38      a, b = tagger.parse(a).split(), tagger.parse(b).split()
39      # word mover's distanceを計算する
40      return -w2v.wmdistance(a, b)
41
42  class EbdmSystem:
43      def __init__(self):
44          self.es = Elasticsearch()
45
46      def initial_message(self, input):
47          return {'utt': 'こんにちは。対話を始めましょう。', 'end':False}
48
```

```
49      def reply(self, input):
50          max_score = -float('inf')
51          result = ''
52
53          for r in self.__reply(input['utt']):
54              score = self.evaluate(input['utt'], r)
55              if score > max_score:
56                  max_score = score
57                  result = r[1]
58          return {"utt": result, "end": False}
59
60      def __reply(self, utt):
61          results = self.es.search(index='dialogue_pair',
62                      body={'query':{'match':{'query':utt}}, 'size':100,})
63          return [(result['_source']['query'], result['_source']['response
            '], result["_score"]) for result in results['hits']['hits
            ']]
64
65      def evaluate(self, utt, pair):
66          #utt: ユーザ発話
67          #pair[0]: 用例ベースの発話
68          #pair[1]: 用例ベースの応答
69          #pair[2]: elasticsearchのスコア
70          #返り値: 評価スコア(大きいほど応答として適切)
71          return pair[2]
72
73  if __name__ == '__main__':
74      system = EbdmSystem()
75      bot = TelegramBot(system)
76      bot.run()
```

ここからは，プログラムの中身について，最初に説明した処理のフローに従って解説をしていきます．

Elasticsearchに接続する

先ほどのプログラムの44行目で，先ほど起動したElasticsearchへの接続を行っています．

```
        self.es = Elasticsearch()
```

ユーザ発話を使ってElasticsearchから応答候補を検索する

Elasticsearchから発話を検索する処理はreply関数の中にある__reply関数の60〜63行目になります．この__reply関数はElasticsearchの検索機能を使って，ユーザの発話uttとマッチするデータを100件取り出します．

```
    def __reply(self, utt):
        results = self.es.search(index='dialogue_pair',
                    body={'query':{'match':{'query':utt}}, 'size':100,})
        return [(result['_source']['query'], result['_source']['response
            '], result["_score"]) for result in results['hits']['hits
            ']]
```

この検索を行う際に計算されるスコアは，単語の珍しさや文の長さ，一致する単語の数などを考慮して計算されており，大きいほど検索クエリと検索結果が一致していることを示しています．詳しい数式や，数式の変更方法はElasticsearchの公式ドキュメントを見るとわかりますが，この部分を変更するのはなかなか難易度が高いので，今回は割愛することにします．その代わり，検索してきた結果の中から，最も適した応答を探す処理を行います．

対応する応答を取り出す

最後に，検索結果を使って，ユーザに出力するのに適した応答を取り出します．応答を取り出す処理は，プログラムの53〜58行目に対応しています．

```
    def reply(self, utt):
        max_score = -float('inf')
        result = ''
        # 検索結果を全てみていく
        for pair in self.__reply():
            # 応答として適しているか評価する関数に渡す
            score = self.evaluate(utt, pair)
```

```
            # 評価が最も良かったものを出力する
            if score >= max_score:
                max_score = score
                result = pair[1]
        return result
```

ここで注目して欲しいのは self.evaluate 関数です．この関数にユーザの発話と，検索結果を1つずつ渡し，検索結果がユーザの発話に対する応答としてどのくらい適しているかを計算しています．この評価関数は，今は Elasticsearch で計算されたスコアをそのまま返していますが，別の評価関数を使う方法も後で説明します．

用例ベースの対話システムの仕組みがわかったところで，以下のコマンドを実行して，Telegram から会話してみましょう．

```
$ python3 ebdm_system.py
```

どうでしょうか，期待通りの応答は受け取れましたか？ 挨拶や簡単な質問にはちゃんと答えてくれたのではないでしょうか．

用例ベース方式の対話システムは非常に多種多様で広範な話題に対応できるという利点を持ちますが，逆に「どんな応答をするのかはデータに依存していて設計者には関与しづらい」という難点も持っています．これを解決するために，用例ベース方式の対話システムは応答選択または応答評価と呼ばれる「システムの応答としてどのくらい適しているか」という点数付けを行う機能を持っています．先ほどのプログラムでは，evaluate(utt, pair) が応答評価を行っています．次項からは，この応答選択のやり方についてみていきましょう．

3.3.1 発話選択の仕方

応答選択は，先ほどのプログラム 3.6 の 62 行目の evaluate 関数がどのくらい応答として適切かを判定していると説明しました．そして，今のプログラムでは，evaluate 関数では特になんの評価も行わず，Elasticsearch の全文検索のスコアをそのまま返しています．Elasticsearch の全文検索のスコアを使ってもある程度は適切な応答が手に入りますが，別の計算方法の類似度を使用したり，類似度を計算する対象を変えたりといった，さまざまな方法で工夫することもできます．ここからは，いくつかの類似度計算の例を紹介します．

類似度の計算方法を変える

Elasticsearchの全文検索では，ユーザの発話と用例のクエリの類似度を，単語の重複率や，重複した単語の珍しさなどから計算しています．この方法では，似たような単語が多く含まれる場合にスコアが高くなります．しかし，似たような単語が多く含まれていても，「私はあなたに片思い」と「あなたは私に片思い」では，同じ単語でも全然意味が違いますよね．このような，単語の重複だけではわからない，文の類似性をはかるために，いくつか類似度を計算する方法が研究されているので，紹介します．

- コサイン類似度
  コサイン類似度は，文の単語の頻度をベクトルであるとみなして，ベクトルの内積を使って類似性をはかる手法です．単語の並び方は考えず，二つの文が同じ単語を似た頻度で持つ場合に高い類似度になるため，Elasticsearchのスコアと似ていますが，Elasticsearchのスコアは文の長さなどによって類似度の最大値が変化するのに対して，コサイン類似度は必ず0から1の間に収まるため比較しやすく，文章や文の類似度をはかる際にはよく利用されます．プログラムの中では，23〜28行目がコサイン類似度の計算をする関数にあたります．

プログラム 3.7　ebdm_system.py

```
# コサイン類似度
def cosine(a, b):
    # 2章で発話のベクトル化をしたときと同じように，
        sklearnのvectorizerを使って単語頻度ベクトルを作る
    a, b = CountVectorizer(token_pattern=u'(?u)\\b\\w+\\b').
        fit_transform([tagger.parse(a), tagger.parse(b)])
    # cosine_similarityでコサイン類似度を計算する
    return cosine_similarity(a, b)[0]
```

- レーベンシュタイン距離

レーベンシュタイン距離は，編集距離とも呼ばれ，2つの文を何回の編集（足したり消したり）をすることで同じ文になるかという指標です．コサイン類似度やElasticsearchの全文検索スコアが，主に単語の重複を考慮するのに対して，レーベンシュタイン距離は文字の並びを考慮して類似性を測ります．なので，文の意味の類似度というよりは，文自体の見た目の類似度を測っているようにも感じられるかもしれません．また，レーベンシュタイン距離は2つの文が違うほど大きな値になるので，今回は負（マイナス）のレーベンシュタイン距離を類似度として利用しています．プログラムの中では，31〜33行目がレーベンシュタイン距離に基づく類似度を計算する関数にあたります．

プログラム 3.8 ebdm_system.py

```
# レーベンシュタイン距離
def levenshtein(a, b):
    # Levenshtein 距離を計算する，これは距離なので-をつける
    return -Levenshtein.distance(a, b)
```

この類似度は，単語ではなく文字の類似度を計算するため，「プログラム」と「プログラマ」のような，異なる単語ですが似たような字面の文でも類似度が高くなります．

- 単語分散表現に基づく類似度

コサイン類似度では単語の頻度をベクトルとして類似度を計算していました．最近では単語の意味をベクトルとして扱う技術である**単語分散表現**（**Word2Vec**）に基づいて，単語や文の類似度を計算する方法があります．単語分散表現では，似た意味を持つ2つの単語は似たベクトルを持つという特徴があります．そのため，単語分散表現に基づく類似度では，単語自体が違っていても，意味が似ていれば類似度が高くなります．

類似度の簡単な計算方法では，文に含まれる単語の単語分散表現をそれぞれ足し合わせたベクトルを作って比較します．より高度な類似度の計算方法としては，Word Mover's Distance（WMD）と呼ばれる手法があります．これは，2つの文が持つ単語の類似度を総当たりで計算し，最も似ている単語

同士を紐づけていくことで最終的な文の類似度を計算する方法です．これも，レーベンシュタイン距離と同様に「Distance（距離）」なので，同じ文のときに0，異なる文になるほど大きな値になっていきますので，負の値にすることで類似度の代わりに使っています．たとえば，「私はそばを食べました」と「俺はうどんを食した」という2つの文は，同じ単語はほとんどないため，コサイン類似度は小さくなりますが，私・俺や，そば・うどん・食べた・食した，といった近い意味の単語で構成されるため，WMDでは類似していると判定することができます．

単語分散表現は，本来大きなデータから学習しなければならないのですが，学習済みのモデルがいくつか配布されているので，それを利用します．今回は白ヤギコーポレーションさんのモデル[3]を利用しますので，次のコマンドを実行してモデルファイルをダウンロードしてください[4]．

```
$ curl -O http://public.shiroyagi.s3.amazonaws.com/latest-ja-word2vec-gensim-model.zip
```

unzipをインストールしてzipファイルを展開します．

Windows

```
$ sudo apt install unzip
```

macOS

```
$ brew install unzip
```

その後，以下のコマンドを実行してください．

```
$ unzip latest-ja-word2vec-gensim-model.zip
```

[3] https://aial.shiroyagi.co.jp/2017/02/japanese-word2vec-model-builder/

[4] セキュリティのエラーなどで curl が latest-ja-word2vec-gensim-model.zip をダウンロードできない場合は，ブラウザからURLを開いて手動でダウンロードし，dsbook以下に置いてください．

最後に，プログラム中では36〜40行目がWMDを計算する関数にあたります．

プログラム 3.9 ebdm_system.py

```
# word mover's distance
def wmd(a, b):
    # mecabで単語に区切る
    a, b = tagger.parse(a).split(), tagger.parse(b).split()
    # word mover's distanceを計算する
    return -w2v.wmdistance(a, b)
```

これらの類似度を使う際は，プログラムの65〜71行目の`evaluate`関数を書き換えます．たとえば，ユーザの発話（`utt`）と用例の発話（`pair[0]`）のコサイン類似度で次の応答を決めたい場合は71行目を「`return cosine(utt, pair[0])`」と書き，レーベンシュタイン距離のときは「`return levenshtein(utt, pair[0])`」と書きます．WMDのときは「`return wmd(utt, pair[0])`」と書きます．これらの類似度の計算方法はそれぞれ異なる性質を持つので，どれが最良というのはありません．類似度を組み合わせてみたり，対象によって使う類似度を変えたりして，最良の組合せを見つける必要があります．

ユーザの発話と似ている応答を選ぶ

先ほどはユーザの発話（`utt`）と用例の発話（`pair[0]`）との類似度で応答（`pair[1]`）を選んでいました．しかし，ユーザから「ラーメン好きですか？」と聞かれた場合，システムは「ラーメン好きです」とか「ラーメン好きじゃないです」といったようにユーザの発話（`utt`）と似た応答（`pair[1]`）で返すことがままあります．映画の話をユーザがしていれば映画という単語が出てくるでしょうし，スポーツの話をしていればスポーツという単語が出てくるでしょう．このような，ユーザの発話と似たシステムの応答を選ぶ手法が有効であることはこれまでの対話システムの研究で明らかになっていました．このような評価関数を使う場合，`evaluate`関数を以下のように改良することができます．

プログラム 3.10 ebdm_system.py

```
def evaluate(self, utt, pair):
    #utt: ユーザ発話
```

```
        #pair[0] 用例ベースの発話
        #pair[1] 用例ベースの応答
        return cosine(utt, pair[0]) * cosine(utt, pair[1])
```

この改良では，コサイン類似度を利用して，ユーザ発話と用例の発話の類似度を計算するほか，ユーザ発話と用例の応答の類似度も計算して，それをかけ合わせて`evaluate`関数の出力を決めています．これにより，ユーザ発話と用例の発話の類似度がいくら高くても，応答にユーザ発話と同じ単語が1つも含まれていない場合はスコアが0になるようになります．たとえば，「ラーメン好きですか？」「はい」のような用例は出力されなくなり，「ラーメン好きですか？」「ラーメン好きです！」のような用例は出力されやすくなります．

システムに話させたい単語にボーナスを与える

たとえば，作りたい対話システムが大の映画が好きで，なんでもスターウォーズの話で例えたりするとします．そんな場合，システムの応答にはスターウォーズに関係するキーワードが入っている場合，その応答を優先的に出したほうがシステムの性格によく合っているように見えるでしょう．そこで，事前にシステムの応答によく出てくるキーワードを列挙しておいて，そのキーワードを含む応答に対してスコアにボーナスを与えるということもできます．逆に，こんな単語は使って欲しくない！　というキーワードを用意しておいて，その単語が含まれる応答のスコアを`0`にすることでダメな応答を除外することもできますね．スターウォーズが大好きな対話システムの応答を選ぶ評価関数の例を以下に示します．

プログラム 3.11 ebdm_system.py

```
    def evaluate(self, utt, pair):
        #utt: ユーザ発話
        #pair[0] 用例ベースの発話
        #pair[1] 用例ベースの応答
        bonus = 0
        if 'スターウォーズ' in utt: bonus = 1
        if 'ジェダイ' in utt: bonus = 1
        # 使わせたくない言葉は負のボーナスを与えても良い
        if 'リメイク' in utt: bonus = -1
```

```
            return cosine(utt, pair[0]) + bonus
```

もちろん，これらのスコアの計算は組み合わせたり，自分だけのアイデアを入れたりして新しい応答選択を作ることもできます．たとえば，複数の類似度を計算して，その平均をとるハイブリッドスコアを作ったり，複数のスコアでランキングを作り，ランキングの順位の合計が最も小さい応答を選ぶなど，いくらでも工夫をすることができます．最もシステムが賢く，自然に応答ができる応答選択を皆さんで作って，見つけてください．

ちなみに，1章のコーヒーブレークで取り上げた「よりひめ」は応答選択で「ユーザの発話とも似ている応答をWMDで選ぶ」という手法を取っています．ユーザの発話と似ている応答を選べば，近い話題の応答が出やすくなるため，対話が成立しているように見えやすく，おすすめです．

3.3.2 深層学習を用いた発話選択

人工知能の分野では深層学習（ディープラーニング）の利用が広がっています．

深層学習の活用は対話システムについても例外ではありません．これまで発話選択のために，さまざまな評価関数を説明してきましたが，ここからは深層学習を用いて評価関数を作成していきましょう．

3.3.3 深層学習のためのツール・ライブラリ

本書では，深層学習のライブラリとして**PyTorch**を，学習を実行するために**Google Colaboratory**を使用します．まずはそれらを使うための設定を行います．

PyTorch

PyTorchはもともとはFacebookにより開発された深層学習ライブラリです．現在はオープンソースで世界中の開発者により開発が進められています．PyTorchにはCPUで動作させるバージョンと，GPU（Graphics Processing Unit）のバージョンがありますが，GPUが搭載されたPCを持っていない読者の方も多いと思いますので，今回はCPUバージョンをインストールしていきます．

PyTorchについてはOS別にインストール方法が異なります．

Windows Windowsの場合，コンソール上で以下のコマンドを入力してください（紙面の都合上，改行が入っていますが，以下は1行で入力してください）.

```
$ pip3 install torch==1.4.0+cpu torchvision==0.5.0+cpu -f
https://download.pytorch.org/whl/torch_stable.html
```

macOS macOSの場合，コンソール上で以下のコマンドを入力してください.

```
$ pip3 install torch==1.4.0 torchvision==0.5.0
```

PyTorchが正しくインストールできたかを確認するため，Pythonを対話モードで起動しましょう.

```
$ python3
```

続いて，以下を入力してください.

```
>>> import torch
```

これで何も表示されず，「>>>」とだけ表示されれば正しくインストールができています．「`exit()`」と入力して対話モードを終了してください．もし「`ModuleNotFoundError: No module named 'torch'`」というエラーが出る場合はPyTorchのインストールに失敗しています．コマンドの入力をミスしている可能性がありますので，再度PyTorchのインストールを試してください.

3.3.4 Google Colaboratory

深層学習を高速に実行するためにはGPUが必要です．GPUを使えば1時間で終わる学習が，使わない場合は10時間，場合によっては100時間以上かかるということもあり得るくらいGPUの有無は大きな差があります．しかし，GPUが搭載されていないPCを使っている読者の方も多いと思いますので，本書ではGPUを無料で使うことのできるGoogle Colaboratory（略してGoogle Colabとも呼ばれます）を使用します.

Google ColabではクラウドフェブPythonのソースコードを対話的に実行できる

ことに加え，Linuxのソフトウェアのインストールも可能です．

少し試してみましょう．以下のURLにアクセスし，Google Colabを開いてください（Googleのアカウントが必要です）．

```
https://colab.research.google.com/
```

図3.3のような画面になりますので，「PYTHON3の新しいノートブック[5]」を選択してください．

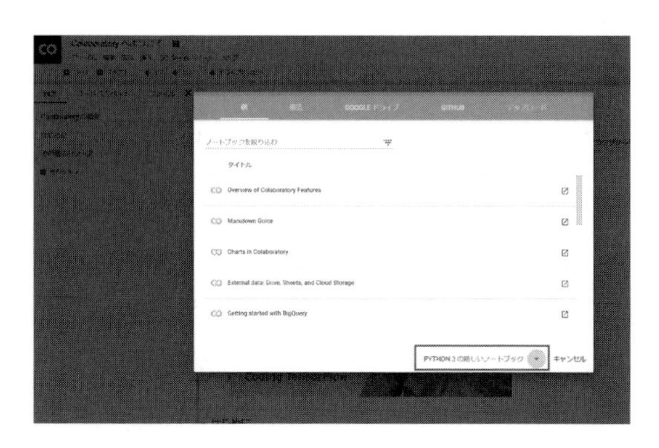

図 3.3 Google Colaboratory

最初にGPUを使えるように設定を変更します．上部にある「ランタイム」から「ランタイムのタイプを変更」を選択し，ハードウェアアクセラレータをGPUにして保存をクリックしてください．

ではGoogle Colab上でPythonのコードを実行してみましょう．一番上のセルに以下のように記述し，`Shift+Enter`で実行してみましょう．

```
import sys
print(sys.version)
```

実行すると以下のように表示されます．

ここではGoogle ColabでインストールされているPythonのバージョンを表示させてみました．なお，Google Colabにインストールされているソフトウェアのバージョンは日々アップデートされていますので，上記とは異なるバージョンが

[5]環境によっては「ノートブックを新規作成」と書かれているかもしれません．

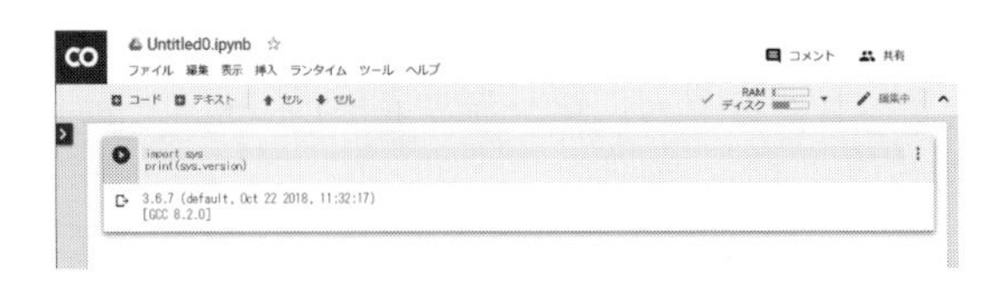

図 3.4 Google Colab での実行結果

表示される場合もあります．

続けて，PyTorch で深層学習のサンプルを動かしてみましょう．Google Colab では最初から PyTorch はインストールされていますので，インストールは不要です．まず，「+コード」と書かれた場所をクリックし，セルを新たに追加します．次に追加されたセルをダブルクリックし，以下を入力してから Shift+Enter で実行しましょう．

```
!git clone https://github.com/pytorch/examples.git
```

このように，先頭に「!」を付けると，その行は Linux コマンドとして実行されます．今回は git コマンドで PyTorch のサンプルをダウンロードしました．ここにはさまざまなサンプルプログラムが入っていますが，今回は MNIST の学習サンプルを動かしてみましょう．MNIST とはデータセットの名前で，手書きで書かれた 0〜9 までの数字を画像にした画像データと，その画像に書かれた数字を表すラベルが含まれています（図 3.5）．データ数としては，学習用に 60 000 枚，テスト用に 10 000 枚の画像とラベルが含まれています．サンプルを動かすと，入力された画像に書かれた数字が何であるかを判別するニューラルネットワークが学習されます．実際に動かしてみましょう．先ほどと同じようにセルを追加し，以下を入力して実行しましょう．

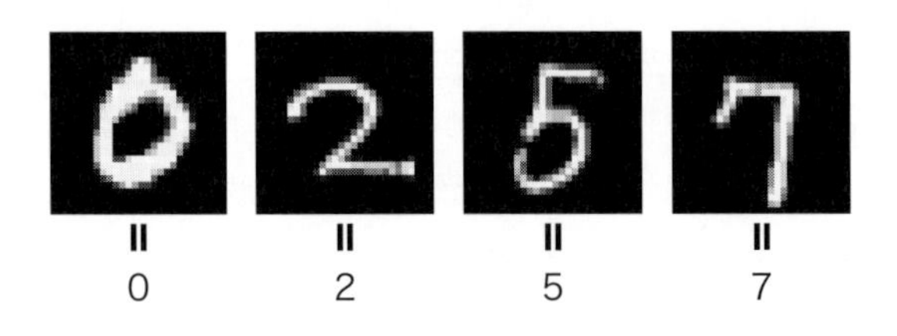

図 3.5 MNIST

```
!python examples/mnist/main.py
```

実行すると，MNISTのデータのダウンロードが始まり，その後，学習が進んでいきます．

学習中はセルの下に以下のように表示されると思います．

```
Train Epoch: 1 [0/60000 (0%)] Loss: 2.300039
Train Epoch: 1 [640/60000 (1%)] Loss: 2.213470
Train Epoch: 1 [1280/60000 (2%)] Loss: 2.170460
Train Epoch: 1 [1920/60000 (3%)] Loss: 2.076699
Train Epoch: 1 [2560/60000 (4%)] Loss: 1.868078
Train Epoch: 1 [3200/60000 (5%)] Loss: 1.414199
Train Epoch: 1 [3840/60000 (6%)] Loss: 1.000870
Train Epoch: 1 [4480/60000 (7%)] Loss: 0.775734
(中略)
Train Epoch: 1 [58880/60000 (98%)] Loss: 0.205414
Train Epoch: 1 [59520/60000 (99%)] Loss: 0.064449

Test set: Average loss: 0.1011, Accuracy: 9668/10000 (97%)
. . .
```

学習が進んでいくごとにLossの値が小さくなっていくのがわかると思います．Lossというのはニューラルネットワークが出力と正解であるラベルとの誤差の大きさを意味しています．この値が小さくなっていっているということは，正しく学習が進んでいっているということを意味します．学習データである60 000枚の画像で学習した後は，10 000枚のテストデータを用いて分類のテストを行います．上の例では，10 000枚中9 668枚の画像を正しく判別でき，正解率が97%となったことを意味します．このサンプルでは60 000枚の学習データを10回学習し，最終的には正解率は99%に達します．

今回のサンプルの実行では10分程度で学習が終了しますが，本書では数時間程度の学習が必要なプログラムも実行していきます．ここで注意が必要なのは，Google Colabでは何も操作しない状態で90分が経過するとGoogle Colab上でインストールしたライブラリやダウンロードしたファイルなど，すべての状態がリセットされてしまうことです．状態がリセットされてしまうと学習の途中経過の情報も失われてしまいます．それを防ぐためには，90分が経過する前にページをリロードする必要があります．各自手動でリロードしても構いませんが，ブラウザによっては自動でリロードが可能な拡張機能が存在します．

たとえば，2020年1月15日にリリースされたChroniumベースの新しいMicrosoft EdgeではAuto Refresh Proを，OperaではAuto Refreshを，FirefoxではTab Reloader（page auto refresh）を利用するのが良いでしょう（Chromeの拡張機能はどれもうまくいきませんでした）．Edgeの場合はブラウザ右上の「…」から「拡張機能」を，Firefoxでは右上の「≡」から「アドオン」を選択すると遷移する画面で，OperaではChromeウェブストアでそれぞれ拡張機能を検索・インストールしてください．いずれのブラウザでも，拡張機能のインストール後，ブラウザ上部のURLが表示されるバーの右に拡張機能のアイコンが表示されるので，それをクリックすることで，リロード時間間隔の設定と実行ができます．Firefoxの場合のみ，リロード時間間隔を設定する欄の上にある「Use cache while reloading:」をenableにする必要があります．なお，すべてのブラウザでリロード時に初回はダイアログボックスが出ますが，「更新」を選択すれば，その後は問題なくリロードされます．

ただし，90分以内にリロードを行ったとしても，最初の起動時から12時間が経過するとすべての途中経過がリセットされます．この問題への対処法ですが，Google ColabはオンラインストレージサービスであるGoogle Driveとの連携が可能であり，Google ColabからGoogle Driveにデータを保存することが可能です．Google Driveに保存されたデータは時間経過によって消えたりしませんので，本書ではこれを利用して深層学習の学習結果の保存を行っていきます．

3.3.5 BERT

用例ベース方式の応答選択のための評価関数作成のため，今回は，Googleが2018年に発表した**BERT**（Bidirectional Encoder Representations from Transformers）という自然言語処理のためのモデルを使用していきます．深層学習は多くの分野，たとえば画像分類や音声認識，機械翻訳などさまざまな課題において高い性能を実現してきました．しかし，その適切な学習のためには大量のラベル付きデータが必要という問題があります．たとえば画像分類でいうと，数万枚以上の画像と，それに対する正解ラベル（その画像に何が写っているか，など）が必要です．そんな中，BERTは少量のデータであっても，高い性能を達成可能な自然言語処理のためのモデルとして大きな話題となりました．BERTが発表された当時，最高性能を達成した自然言語処理のタスクは，文章の感情分類，質問応答，文章から人名，組織名，地名などを抽出する固有表現抽出など多岐にわたります．

BERTのポイントは，（文章の感情分類などの）ラベル付きデータで学習を行う前に，大量のラベルなしデータ，つまりただのテキストデータで学習を行うという点です．このように，本来解きたいタスクに関する学習を行う前に，それとは別のタスクで学習を行うことを**事前学習**（pretraining）と言います．

事前学習において，BERTが行うことは2つです（図3.6）．1つは自動生成した穴埋め問題を解きます．たとえば，「今日の天気は晴れです」というテキストからランダムで単語を削除して，「今日の[　　]は晴れです」という問題を作成し，カッコに入る単語を当てるということです．このような問題は前後の文脈をきちんと理解しなければ解くことができません．2つめは，テキストデータから2文を抽出し，それらが元のテキストでは連続した文かどうかを当てるという問題を解きます．たとえば「今日の天気は晴れです」と「今日は暖かくなるでしょう」の2文が連続した文かどうか，あるいは「今日の天気は晴れです」と「今日は傘が必要でしょう」の2文ではどうか，といった問題を解くわけです．こういった問題を解くためには2文の関係性を理解する必要があります．BERTはテキストデータから単語穴埋め問題と文の連続判定問題を自分で作成し，それが解けるように学習を行います．そうすることでBERTは汎用的な言語処理能力を獲得できるとされています[6]．

事前学習が終わった後，BERTはラベル付きデータを用いてさらに学習を行い

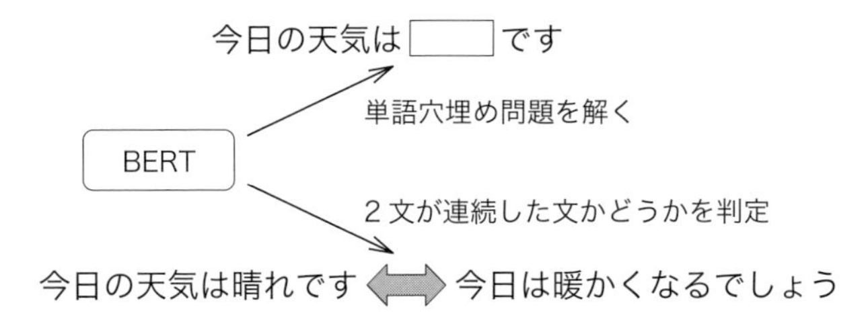

図3.6 BERTの事前学習

[6]ただし最近の研究では，2文の関係性を当てる問題を解くことは，性能の向上にあまり有効ではないという指摘もされています．

ます．つまり，事前学習で文の意味を理解するための基礎的な学習を行ったあと，ラベル付きデータを用いて特定のタスクに特化した学習を行うわけです．これを**ファインチューニング**（fine-tuning）と言います．このように事前学習とファインチューニングの2段階の手順を踏むことで，BERTはさまざまなタスクで当時の最高性能を叩き出しました．

3.3.6 BERTのファインチューニング

Googleは日本語を含む多言語のテキストデータで事前学習を行った学習済みBERTモデルを公開しています．本書ではその学習済みモデルをファインチューニングして，応答選択のための評価関数を作成していきます．また，ファインチューニングにあたっては，PyTorchでBERTのファインチューニングを行うためのライブラリである**transformers**を使用します．

では，BERTの学習を行うためにプログラムを実行していきましょう．

データ処理

まずはじめに，BERTでファインチューニングを行うため，dialogue_pairs.txtからtransformers用の学習データを生成する必要があります．そこで，1.3.2項でGithubからダウンロードしたgenerate_data_for_bert.pyを使用してデータを生成します．プログラムは以下のとおりです．

プログラム 3.12　generate_data_for_bert.py

```
1  import random
2
3  write_lines = []
4  uttrs = []
5
6  with open("dialogue_pairs.txt") as f:
7      for l in f:
8          if "\t" in l:
9              l = l.strip()
10             # 実際の応答ペアを正解とし，ラベルは1とする．
11             write_lines.append(l + "\t1\n")
12             # 不正解ペアの作成のため，発話を保存
13             uttrs.append(l.split("\t")[0])
```

```
14              uttrs.append(l.split("\t")[1])
15
16  # 正解ペアと同じ数だけ不正解ペアを作成
17  for i in range(len(write_lines)):
18      # ランダムな応答ペアを不正解とし，ラベルは0とする．
19      write_lines.append(random.choice(uttrs) + "\t" + random.choice(
            uttrs) + "\t0\n")
20
21  # 正解ペアと不正解ペアが入ったリストをシャッフルする
22  random.shuffle(write_lines)
23
24  index = 0
25  with open("dev.tsv", "w") as var_f:
26      # 開発データとしてdev.tsvに200行を書き込む．
27      for l in write_lines[:200]:
28          var_f.write(str(index) + "\t" + l)
29          index += 1
30  index = 0
31  with open("train.tsv", "w") as var_f:
32      # 学習データとしてtrain.tsvに残りを書き込む．
33      for l in write_lines[200:]:
34          var_f.write(str(index) + "\t" + l)
35          index += 1
```

プログラムは，コンソール上で以下のコマンドにより実行します．

```
$ python3 generate_data_for_bert.py
```

generate_data_for_bert.py は dialogue_pairs.txt から応答ペアを読み込み，学習データ（train.tsv）と開発データ（dev.tsv）を作成します．データはタブ区切りで「ID」「発話」「発話に対する応答」「ラベル」が1行ごとに入っています．ラベルは`0`か`1`のいずれかであり，`0`はランダム選択ペア（不正解）を，`1`は実際のペア（正解）を意味しています．dialogue_pairs.txt に含まれる発話ペアの場合は正解(`1`)となっています．一方，データ中の発話をランダムに組み合わせてペアを作ったものも generate_data_for_bert.py では作成しており，その場合のラベルは不正解(`0`)となっています．このデータを用いて，BERT に実際のペアとランダム選択ペアを判別できるように学習を行わせます．こうすることで，実際に人間が行うような自然な応答を選択できるようにすることを目指すわけです.

Google Driveへデータを配置

Google Colabでデータを読み込むためには，Google Driveにデータを保存する必要があります．ブラウザでGoogle Driveを開き左上の「＋新規」をクリックします．クリックするとメニューが表示されるので，一番上の「フォルダ」をクリックします．すると，フォルダに名前をつけるダイアログが開くので，フォルダ名を「dsbook」としてください．そのフォルダをダブルクリックで開き，さらに新しいフォルダ「example_based_bert」を作成してください．次に，今作成したexample_based_bertフォルダを開き，そこに先ほど作成したtrain.tsvとdev.tsvを配置します．pp.17–18に示した方法などで現在のフォルダをエクスプローラやFinderで開き，ブラウザ上のGoogle Driveにドラッグアンドドロップしてください．これでファイルの配置は完了です.

ファインチューニングの実行

ファインチューニング用のプログラムのソースコードは本書のGitHub上にあります． `https://github.com/dsbook/dsbook/blob/master/bert_example_based_finetuning.ipynb` をGoogle Chromeなどのブラウザで開き，上部にあるOpen with Colabのリンクをクリックしてください．するとGitHub上のソースコードがGoogle Colab上で開かれます．次に，「ドライブにコピー」をクリックしてください．これでbert_example_based_finetuning.ipynbがあなたのGoogle Drive上にコピーされました.

あとは，Google Colab上でフォーカスが当たると ● と表示される部分を上から順にクリックしていけば学習が実行できます．以下では何をしているかを説明していきます．最上部の枠内には以下のように書かれています.

```
!pip install torch==1.4.0+cu92 torchvision==0.5.0+cu92 torchaudio
    ==0.4.0 torchtext==0.5.0 folium==0.2.1 -f https://download.pytorch
    .org/whl/torch_stable.html
!pip install configargparse transformers==2.1.1 tensorboardX==1.9
!git clone https://github.com/huggingface/transformers.git -b v2.1.1
```

Google Colabでは，Linuxコマンドや Pythonスクリプトを記述する枠のことを「コードセル」と言います．最初のコードセルの1行目では，本書のバージョンに合わせたPyTorchのインストールと，そのために必要なライブラリをインストールしています．なお，このコードセルはGoogle Colabのアップデートにより，動作しなくなる可能性があります．本書のGitHub上では随時動作するよう更新していきますので，最新のコードはGitHub上でご確認ください．2行目では，transformersライブラリとその実行に必要なライブラリをインストールしています．また，3行目では，GitHubからtransformersのソースコードをダウンロードしています．ソースコードをダウンロードするのはtransformersのexampleに含まれるプログラムをそのまま利用するためです．

```
from google.colab import drive
drive.mount('./drive')
```

2番目のコードセルでは，Google Drive上のファイルにGoogle Colab上からアクセスできるようにしています．実行すると，「このノートブックに Google ドライブのファイルへのアクセスを許可しますか？」と表示されるので「Google Driveに接続」をクリックし，使用するアカウントを選択してください．次に，表示されるページで「許可」ボタンをクリックしてください．/content/drive/以下にGoogle Driveにあるフォルダとファイルが配置され，Google Colab上のコマンド・スクリプトからアクセスできるようになります．

```
!python transformers/examples/run_glue.py --data_dir /content/drive/My\
      Drive/dsbook/example_based_bert/ --overwrite_output_dir \
--model_type bert --model_name_or_path bert-base-multilingual-cased --
     task_name WNLI --evaluate_during_training --save_steps 1000 --
     max_steps 1000 \
--output_dir /content/drive/My\ Drive/dsbook/example_based_bert/out/ --
     do_train --do_eval --per_gpu_train_batch_size 16
```

3番目のコードセルでは，transformersのexample内のrun_glue.pyを使ってファインチューニングを行います．BERTの事前学習モデルはGoogleが公開している多言語で学習されたbert-base-multilingual-casedを使用します．事前学習モデルは実行時に自動的にダウンロードされます．ファインチューニングの結果はBERTディレクトリ内のoutに保存されます．上記の設定では，1000イテレーション（BERTのパラメータの更新回数）学習を行い，Google Drive上のexample_based_bertフォルダ内のoutフォルダの中にcheckpoint-1000というフォルダが作成され，その中に学習済みモデルが保存されます．イテレーション回数を変更するには「`--save_steps`」と「`--max_steps`」に続く値を変更してください．「`--save_steps`」は指定したイテレーション回数ごとにモデルを保存します．この値を小さくしすぎると頻繁にモデルを保存することになり，Google Driveの容量を圧迫するので1000より小さい値にすることは避けたほうがよいでしょう．また，「`--max_steps`」は学習を終了するイテレーション回数を指定します．

用例ベース方式へのBERTの適用

学習が終了したら，ファインチューニング済みのモデルを用例ベースのシステムに適用してみましょう．checkpoint-1000内のpytorch_model.binが学習済みモデルですので，Google Driveからダウンロードしてください，次に，ダウンロードしたpytorch_model.binを「bert_evaluator.bin」にリネームし，bert_evaluator.binを作業フォルダ（dsbook）に配置してください．ファインチューニング済みのBERTを使用し，応答を評価するプログラムは以下のとおりです．

プログラム 3.13 bert_evaluator.py

```
1  from transformers.modeling_bert import BertForSequenceClassification
2  from transformers.tokenization_bert import BertTokenizer
3  import torch
4  import torch.nn.functional as F
5
6
7  class BertEvaluator:
8      def __init__(self):
9          # Googleの公開している事前学習済みのトークナイザとモデルをロード
10         self.tokenizer = BertTokenizer.from_pretrained("bert-base-
               multilingual-cased", do_lower_case=False)
11         self.model = BertForSequenceClassification.from_pretrained("bert
               -base-multilingual-cased", num_labels=2)
12         # Google Colabでファインチューニングしたモデルをロード
13         self.model.load_state_dict(torch.load("bert_evaluator.bin",
               map_location='cpu'))
```

```
14
15    def __convert_sequences_to_features(self, user_input, candidate):
16        # トークンを格納するリスト
17        user_candidate_tokens = []
18        # 1文目のトークンの場合は0, 2文目の場合は1を格納するリスト
19        user_candidate_input_type_ids = []
20
21        # 先頭に[CLS]トークンを追加
22        user_candidate_tokens.append("[CLS]")
23        # [CLS]トークンは0とする
24        user_candidate_input_type_ids.append(0)
25
26        # 1文目をトークン化
27        tokens_a = self.tokenizer.tokenize(user_input)
28        for token in tokens_a:
29            # トークンを先頭から順に格納
30            user_candidate_tokens.append(token)
31            # 1文目なので0を格納
32            user_candidate_input_type_ids.append(0)
33        # 1文目の最後に[SEP]トークンを格納
34        user_candidate_tokens.append("[SEP]")
35        # ここまで1文目とする
36        user_candidate_input_type_ids.append(0)
37
38        # 2文目をトークン化
39        tokens_b = self.tokenizer.tokenize(candidate)
40        for token in tokens_b:
41            user_candidate_tokens.append(token)
42            # 2文目なので1を格納
43            user_candidate_input_type_ids.append(1)
44        # 2文目の最後に[SEP]トークンを格納
45        user_candidate_tokens.append("[SEP]")
46        user_candidate_input_type_ids.append(1)
47
48        # トークンをすべてIDに変換
49        input_ids = self.tokenizer.convert_tokens_to_ids(
              user_candidate_tokens)
50
51        return [input_ids], [user_candidate_input_type_ids]
52
53    def evaluate(self, user_input, candidate):
```

```
54          with torch.no_grad():
55              # 発話のペアを特徴ベクトルに変換
56              ids_list, type_ids_list = self.
                    __convert_sequences_to_features(user_input, candidate)
57              # ファインチューニング済みの
                    BERTを用いて特徴ベクトルから2文のスコアを計算
58              result = self.model.forward(torch.tensor(ids_list).to("cpu
                    "),
59                  token_type_ids=torch.tensor(type_ids_list).to("cpu
                        "))
60              # softmax関数によりスコアを正規化
61              result = F.softmax(result[0], dim=1).cpu().numpy().tolist()
62              # 結果を返す.
63              return result[0][1]
```

このプログラムでは，ファインチューニング済みのBERTを使って，入力文とそれに対する応答文のスコア付けをするBertEvaluatorクラスを定義しています．スコアは与えられた2文がランダム選択ペアに近い，すなわち不適切な応答ペアの場合は0に近い値となり，適切な応答ペアの場合は1に近い値となります．

では上から順に見ていきましょう．まず，8〜13行目のコンストラクタでは，トークナイザの読み込みとファインチューニング済みのモデルのロードを行っています．事前学習モデルとして，ファインチューニング時には`bert-base-multilingual-cased`を使用したので，語彙やパラメータの数を合わせるため，10行目と11行目で引数としてそれを指定しています．トークナイザとは，文を解析し，字句（トークン）に分割するものです．本書の中ではこれまでMeCabをトークナイザとして使用し，文を単語に分割し，単語をトークンとしてきました．一方，`bert-base-multilingual-cased`のトークナイザでは，単語ではなく，基本的には単語よりも細かい単位で分割が行われます（一部の語は単語で分割されます）．`bert-base-multilingual-cased`の事前学習はこのトークナイザを使用して行っているため，ここでもこのトークナイザを使用する必要があるわけです．11行目で作成したモデルにはファインチューニング前のパラメータが入っていますので，13行目でファインチューニング後のパラメータが保存されているbert_evaluator.binをロードします．

15〜51行目の`__convert2feature`メソッドは，2文を受け取り，トークナイザを使用してモデルが処理可能な形式のデータに変換します．ここで作成しているのは以下の2つのリストです．

input_ids 先頭に`[CLS]`トークン，続いて1文目をトークナイズして得られたトークン，文の区切りを意味する`[SEP]`トークン，2文目のトークン，末尾に`[SEP]`トークンの入ったリストを，各トークンに対応するIDにトークンを置き換えることで得たトークンIDのリスト．

user_candidate_input_type_ids `input_ids`中の各要素（トークンID）が1文目のものか2文目のものかを指定するリスト．`input_ids`と同サイズのリストであり，各要素は`0`か`1`が入る．`0`は1文目（先頭の[CLS]トークンと最初の[SEP]トークンを含む），`1`は2文目（最後の[SEP]トークンを含む）のトークンIDであることを意味する．

最後に，53〜63行目の`evaluate`メソッドでは，2文を引数として受け取り，`__convert2feature`メソッドにより変換したデータをモデルに入力し，2次元の出力を得ます．61行目で`softmax`関数により出力の各要素を0〜1，合計を1に正規化します．これで2次元の出力はそれぞれ「不適切な応答ペアである確率」と「適切な応答ペアである確率」とみなすことができます．63行目では，そのうち「適切な応答ペアである確率」をスコアとして返します．

では，作成した`BertEvaluator`クラスを使い，用例ベース方式の応答選択を改良してみましょう．ebdm_system.pyからの変更点は3か所です．

インポートに以下を追加します．

```
from bert_evaluator import BertEvaluator
```

コンストラクタに以下を追加します．

```
self.evaluator = BertEvaluator()
```

`evaluate`メソッドを以下のように変更します．

```
    def evaluate(self, utt, pair):
        return self.evaluator.evaluate(utt, pair[1])
```

ここでBERTを用いてスコア付けを行い，最もスコアの高い応答が選択されることになります．

作成したbert_ebdm_system.pyの全体を以下に示します．

プログラム 3.14 bert_ebdm_system.py

```
1  import sys
2  from bert_evaluator import BertEvaluator
3  from telegram_bot import TelegramBot
4
5  class BertEbdmSystem:
6      def __init__(self):
7          from elasticsearch import Elasticsearch
8          self.es = Elasticsearch()
9          self.evaluator = BertEvaluator()
10
11     def initial_message(self, input):
12         return {'utt': 'こんにちは。対話を始めましょう。', 'end':False}
13
14     def reply(self, input):
15         max_score = .0
16         result = ''
17
18         for r in self.__reply(input['utt']):
19             score = self.evaluate(input['utt'], r)
20             if score >= max_score:
21                 max_score = score
22                 result = r[1]
23         return {"utt": result, "end": False}
24
25
26     def __reply(self, utt):
27         results = self.es.search(index='dialogue_pair',
28                     body={'query':{'match':{'query':utt}}, 'size':10,})
29         return [(result['_source']['query'], result['_source']['response
               '], result["_score"]) for result in results['hits']['hits
               ']]
30
31
32     def evaluate(self, utt, pair):
33         return self.evaluator.evaluate(utt, pair[1])
```

```
34
35 if __name__ == '__main__':
36     system = BertEbdmSystem()
37     bot = TelegramBot(system)
38     bot.run()
```

実行には，Google Colab上でもインストールしたtransformersとtensorboardXが必要ですので，以下のコマンドでインストールします．

```
$ pip3 install transformers==2.1.1
$ pip3 install tensorboardX==1.9
```

Telegram上で対話してみましょう．

```
$ python3 bert_ebdm_system.py
```

初回の実行時には必要なデータのダウンロードなどが行われるため，応答が可能になるまで少し時間がかかります．また，システムの反応も深層学習を使用している関係上，これまでと比べて時間がかかります．コンソールにはダウンロードのプログレスバーが表示されますので，すべてが完了してからシステムに話しかけてください．

3.3.7 対話破綻検出

対話破綻検出とは，対話システムが文脈的に不適切な応答をした箇所を検出する技術のことです．対話破綻検出を応答選択に適用することで，不適切な応答が選択されることを防ぎ，より適切な応答が実現できる可能性が高まります．

対話破綻検出については，雑談対話を対象にその検出性能を競うコンペティション**対話破綻検出チャレンジ**（Dialogue Breakdown Detection Challenge，**DBDC**）が2019年までに4回開催されており，そのための学習用・評価用データセットが公開されています．DBDC1およびDBDC2における日本語の対話破綻検出のための対話データは，2018年に行われた3回目の競技会であるDBDC3のサイト[7]にあるDevelopment Data for Japaneseという項目からダウンロード可能です．なお，

[7] https://dbd-challenge.github.io/dbdc3/datasets

Safariなどの一部のブラウザを利用している場合，zipファイルをダウンロードすると自動で展開される可能性があります．その際は，Google Chromeなどの別のブラウザを利用してダウンロードしてください．また，DBDC3のデータもダウンロード可能[8]ですが，こちらは英語の対話データも含まれているので注意してください．どのデータを使用してもよいのですが，今回はDBDC2のデータ（Developement data for DBDC2とEvaluation data for DBDC2）を使用して対話破綻検出器を作成していきます．なおデータの形式はすべて同じですので，DBDC1などの別のデータを使用することも可能ですし，公開されているデータすべてを使用して検出器を作成することも可能です．

対話破綻検出のデータはJSON形式となっており，人間と対話システムの対話ログと，各システムの発話に対して付与された対話破綻ラベルが含まれています．対話破綻ラベルはO, T, Xの3種類であり，それぞれの意味は以下のとおりです．

O: 破綻ではない 当該システム発話のあと対話を問題なく継続できる．

T: 破綻と言い切れないが，違和感を感じる発話 当該システム発話のあと対話をスムーズに継続することが困難．

X: あきらかにおかしいと思う発話．破綻 当該システム発話のあと対話を継続することが困難．

データには1つの対話システムの発話に対し，複数の作業者が付与した複数の対話破綻ラベルが付与されています．作業者の数はデータによって異なりますが，たとえばDBDC2のデータの場合は作業者は30人です．言い換えれば，1発話に対して30個のラベルが付与されているということになります．

検出器はこれまでと同じく，BERTを使用して作成することにします．そのために，対話破綻検出のデータをBERTで学習可能な形式に変換する必要があります．ここで問題となるのは，1発話に複数付与されているラベルをどう扱うかという点ですが，今回は全ラベル中のOラベルの割合をスコアとして使うことにしましょう．

では，ダウンロードしたDBDC2_dev.zip，DBDC2_ref.zipを作業フォルダに配置します．これらのファイルからBERTで学習可能な形式のデータを作成するプログラムは以下のとおりです．

[8] `https://dbd-challenge.github.io/dbdc3/data/DBDC3.zip`

プログラム 3.15 dbdc_data_converter.py

```
1  import zipfile
2  import json
3  import glob
4  import os
5
6
7  def annotations_to_o_ratio(annotations):
8      o_count = 0
9      t_count = 0
10     x_count = 0
11     for a in annotations:
12         if a["breakdown"] == "O":
13             o_count += 1
14         elif a["breakdown"] == "T":
15             t_count += 1
16         elif a["breakdown"] == "X":
17             x_count += 1
18     o_ratio = 0.0
19     if o_count > 0:
20         o_ratio = o_count / (o_count + t_count + x_count)
21     return str(o_ratio)
22
23
24 write_lines = []
25 # 同じディレクトリ内のzipファイルをすべて読み込み
26 for f in glob.glob("DBDC2*.zip"):
27     with zipfile.ZipFile(f, 'r') as z:
28         features = []
29         # zipファイル内のjsonファイルをすべて読み込み
30         for filename in z.namelist():
31             if "json" in filename:
32                 with z.open(filename) as f:
33                     data = f.read()
34                     # JSONデータの読み込み
35                     json_data = json.loads(data.decode("utf-8"))
36
37                     uttr_logs = []
38                     for d in json_data["turns"]:
39                         feature = []
40                         uttr_logs.append(d["utterance"])
```

```
41                              if d["speaker"] is "S" and len(uttr_logs) > 2:
42                                  write_lines.append(uttr_logs[-2] + "\t" +
                                        uttr_logs[-1] + "\t" +
                                        annotations_to_o_ratio(d["annotations"]))
43
44  # 出力用のディレクトリを作成
45  os.makedirs("dbdc_bert", exist_ok=True)
46
47
48  with open("dbdc_bert/dev.tsv", "w") as var_f:
49      var_f.write("\n")
50      for l in write_lines[:200]:
51          var_f.write("\t\t\t\t\t\t\t" + l + "\n")
52
53  with open("dbdc_bert/train.tsv", "w") as var_f:
54      var_f.write("\n")
55      for l in write_lines[200:]:
56          var_f.write("\t\t\t\t\t\t\t" + l + "\n")
```

このプログラムでは，同じフォルダにあるDBDC2のzipファイルをすべて読み込み，jsonファイルから破綻検出対象の発話，文脈としてその直前の発話，および対話破綻ラベルをもとに計算したスコアを抽出します．このプログラムを実行すると，dbdc_bertフォルダが作成され，その中に学習用と評価用のデータが作成されます．

```
$ python3 dbdc_data_converter.py
```

作成されたdbdc_bertフォルダをGoogle Driveのdsbookフォルダ内にフォルダごとアップロードしてください．次に，`https://github.com/dsbook/dsbook/blob/master/bert_dbdc_finetuning.ipynb`をブラウザで開いてください．あとは前回と同じですが，一番上の「Open with Colab」をクリックし，続いて「ドライブにコピー」をクリックしてください．あとは前回と同じように，上から順番にコードセルを実行し，学習を開始してください．

学習が終了したら，Google Driveからdbdc_bert/out/checkpoint-***フォルダに入っているpytorch_model.binをダウンロードし，dbdc_bert.binとリネームした上で，作業フォルダ（dsbook）に配置してください．checkpointフォルダは50ステップごとに作成されていきますが，学習中に以下のように表示される評価用データの評価結果を参考に，corr の値（モデルが出力したスコアと評価用データにおける正解スコアの相関係数）が大きいものを使用するのがよいでしょう．

```
...
08/04/2019 07:03:45 - INFO - __main__ - corr = 0.3733282092833044
08/04/2019 07:03:45 - INFO - __main__ - pearson = 0.3598366608638666
08/04/2019 07:03:45 - INFO - __main__ - spearmanr = 0.3868197577027422
08/04/2019 07:03:47 - INFO - __main__ - Saving model checkpoint to /
    content/drive/My Drive/dialogue_system_with_python/dbdc_bert/out/
    checkpoint-250
...
```

上記の例の場合，corr が約 0.373 のモデルが checkpoint-250 に保存されたことを意味しています．今回の設定では，corr は最大で 0.4～0.5 程度の値となると思います．

では，対話破綻検出を行う dialogue_breakdown_detector.py について説明していきます．内容は bert_evaluator.py とほぼ同じなので，変更点のみを書いていきます．

まず，クラス名，およびコンストラクタは以下のようになっています．

```
class DialogueBreakdownDetector:
    def __init__(self):
        self.tokenizer = BertTokenizer.from_pretrained("bert-base-
            multilingual-cased", do_lower_case=False)
        # num_labels を 1 に設定
        self.model = BertForSequenceClassification.from_pretrained("bert
            -base-multilingual-cased", num_labels=1)
        # 対話破綻検出のファインチューニング後のモデルを読み込み
        self.model.load_state_dict(torch.load("dbdc_bert.bin",
            map_location='cpu'))
```

対話破綻検出で扱うのはラベルではなくスコアなので，num_labels を 1 に設定します．また，ロードするモデルも対話破綻検出のファインチューニング後のモデルを指定します．

次に，evaluateメソッドを以下のように変更します．

```
    def evaluate(self, user_input, candidate):
        with torch.no_grad():
            ids_list, type_ids_list = self.
                __convert_sequences_to_features(user_input, candidate)
            result = self.model.forward(torch.tensor(ids_list).to("cpu
                "),
                    token_type_ids=torch.tensor(type_ids_list).to("cpu
                        "))
            # モデルの出力値をそのまま返す
            return result[0][0][0].numpy()
```

bert_evaluator.pyとほとんど同じですが，bert_evaluator.pyのモデルは出力が2次元でしたので，softmax関数により正規化を行っていました．一方，今回はモデルはスコアを出力するので，出力値をそのまま返り値として返すように修正しています．

ではこのプログラムを使って対話システムに対話破綻検出を適用してみましょう．適用方法はいろいろ考えられますが，今回はBertEvaluatorが出力したスコアと破綻検出器が出力したスコアの積をとり，新たなスコアとして応答を選択するようにしてみましょう．こうすることで，BertEvaluatorが出力したスコアと破綻検出器が出力したスコアが両方とも大きい応答が選択できるようになります．bert_ebdm_system.pyからの変更箇所は3つです．

インポートに以下を追加します．

```
from dialogue_breakdown_detector import DialogueBreakdownDetector
```

コンストラクタに以下を追加します．

```
self.detector = DialogueBreakdownDetector()
```

evaluateメソッドの最後を以下のように変更します．

```
return self.evaluator.evaluate(utt, pair[1]) * self.detector.evaluate(
    utt, pair[1])
```

修正が完了したら，以下のコマンドを実行し，Telegram上で対話してみましょう．

```
$ python3 bert_ebdm_system.py
```

3.4 生成ベース方式

3.4.1 深層学習の適用

深層学習を使った手法として，**生成ベース方式**という手法がよく使われています．生成ベース方式は用例ベース方式のように誰かの発話をそのまま使うのではなく，1から発話を作り上げるということからその名前が付けられています．

では，生成ベース方式はどのような仕組みで発話を生成しているのでしょうか．実は，この生成ベース方式はニューラルネットワークを用いた機械翻訳の技術を対話に応用したものです．詳しく説明しましょう．Google翻訳などでも使われている機械翻訳では，翻訳元の言語で書かれた文章から，翻訳先の言語で書かれた文章を“生成”することで翻訳を行っています．だからこそ，これまでに一度も入力されたことがない文章であっても，（間違うことはありますが）翻訳することができるのです．では，この機械翻訳の技術をどうやって対話システムの発話の生成に使うのでしょうか．機械翻訳の場合「今日は私の誕生日です」という日本語の文を英語に翻訳すると，「Today is my birthday」という文が出力されます．生成ベース方式の場合，「今日は私の誕生日です」といったユーザの発話を，「今日ですか．おめでとうございます」といったようなユーザの発話に対する応答に“翻訳”してしまうのです．

機械翻訳では，原文と訳文をペアにした大量の対訳データを用いることで，適切な翻訳の生成方法をコンピュータに学習させます．

生成ベース方式では，大量の発話と応答のペアが必要となります．用例ベース方式の対話システムを作成した際の応答ペアではやや量が少ないため，ここでは大量のデータが比較的簡単に入手できるTwitterのツイートリプライペアを利用していきましょう．

3.4.2 Twitterデータの収集準備

Twitterはプログラムを通して情報にアクセスするためのAPIを提供しています．ツイートリプライペアの取得にはこのTwitter APIを利用するのですが，利用のためにはWeb上で登録を行う必要があります．利用登録のためにはTwitterアカウントが必要ですので，アカウントを持っていない場合は新たに取得してください．本書ではTwitter APIはデータ収集のためだけに使用し，自動ツイートやフォローなどは行いませんので，自分の使用中のアカウントでも問題はありません．ただし，（本書では扱いませんが）今後Twitter上で対話システムを動作させることを考えている場合などは，新たに専用のアカウントを取得してもよいでしょう．

使用するアカウントが決まったら，そのアカウントでTwitter（`https://twitter.com`）にログインした後，以下のURLから登録サイトへアクセスしてください．

```
https://developer.twitter.com/en/application/use-case
```

ここではTwitter APIをどのような理由で使いたいのかを選択する必要があります（図3.7）．

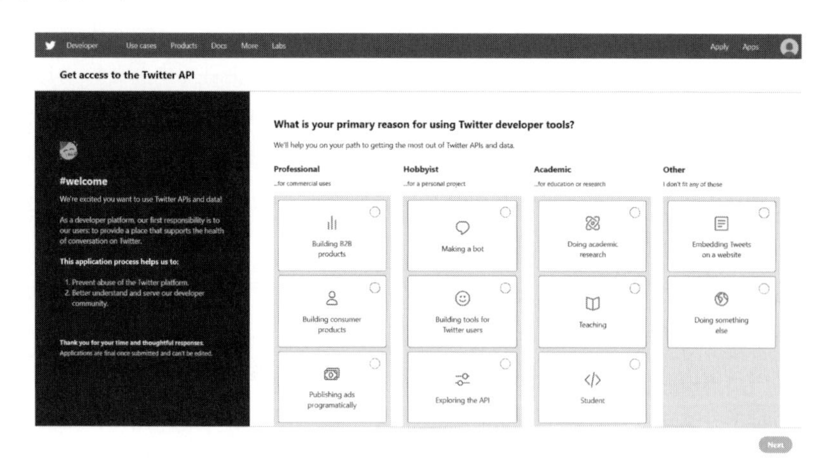

図3.7 Twitter API利用理由の選択

ここは「Doing something else」（その他）を選択し，Nextをクリックしてください．

次の画面（図3.8）を下までスクロールすると，国名のプルダウンメニューがあります．ここはJapanを選択してください．その下のWhat would you like us to call you?のところはアプリケーション名を入力する必要があります．

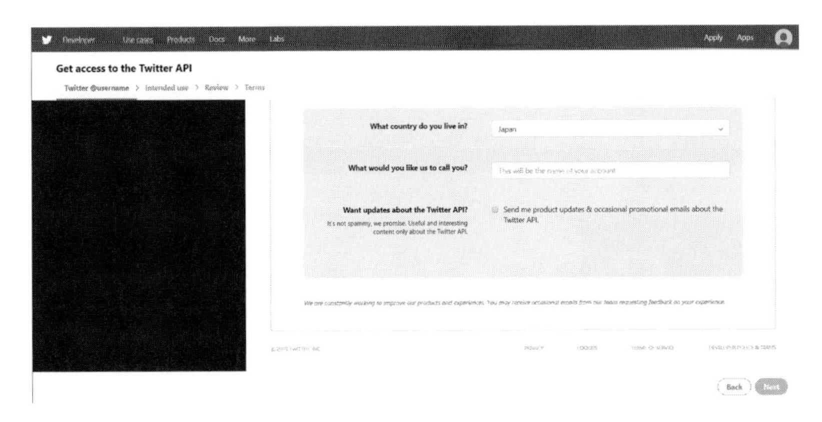

図 3.8　国名の選択とアプリケーション名の入力

アプリケーション名は自由につけてOKです．入力が完了したらNextをクリックしてください．

次の画面（図3.9）では，Twitterデータおよび APIをどのように使うのか200文字以上英語で記入する必要があります．

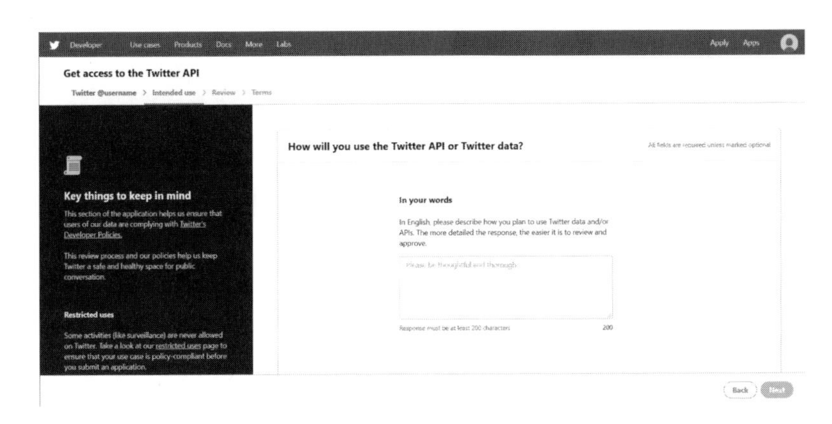

図 3.9　Twitter データと API の利用方法の記述

ここを適当に入力すると審査に通らず，英文メールでのやりとりが必要となりますので，ていねいに書く必要があります．英語が苦手な人はGoogle翻訳などを使用して頑張って記入してください．内容の例としては，「趣味で対話システムを作ろうとしている」「対話システムを作るためのデータとしてTwitterデータが必要であり，Twitter APIを使ってデータを取得したい」といったことを書けばよいでしょう．ここの文章は後でも使いますので，どこかに保存しておくとよいです．

その下には利用方法の詳細について選択および記入する必要があります（図3.10）．

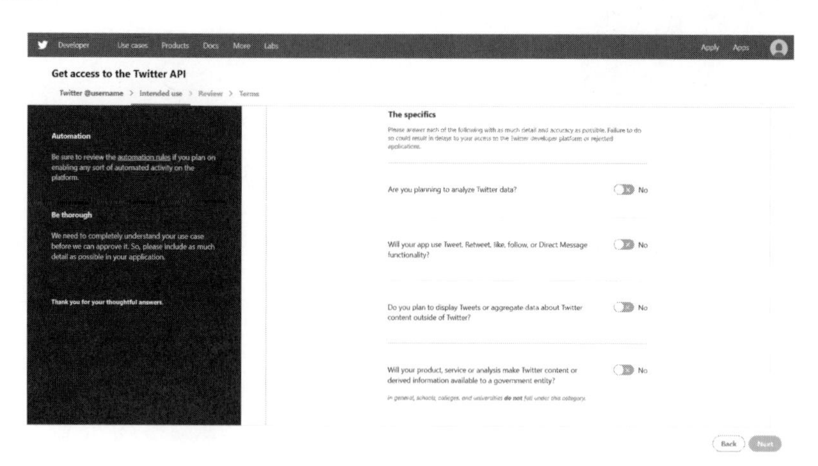

図3.10 Twitter API利用方法の詳細

データ収集だけの場合はすべてNOを選択すればOKです．Nextをクリックして次に進んでください．

次は確認画面（図3.11）となりますので，入力が正しいことを確認したら「Looks good!」をクリックしてください．

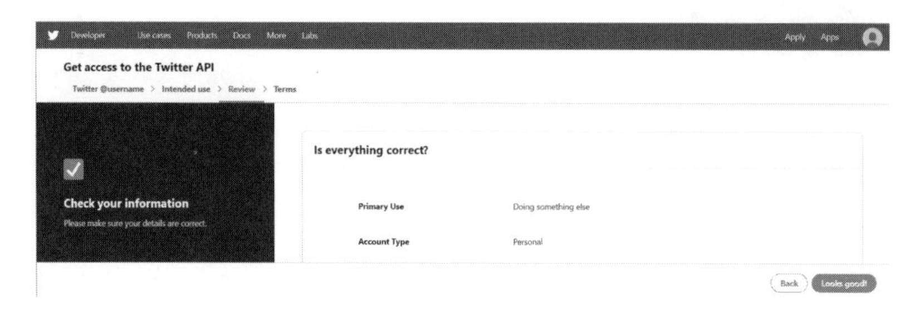

図3.11 確認画面

次に利用規約が表示されます．

一番下にチェックボックスがありますので，規約を読んだ上でチェックを付け，「Submit Application」をクリックしてください．

登録したアドレスにTwitter Developer Accountsからメールが届くので，「Confirm your email」をクリックしてください．図3.12のような画面が表示されればOKです．

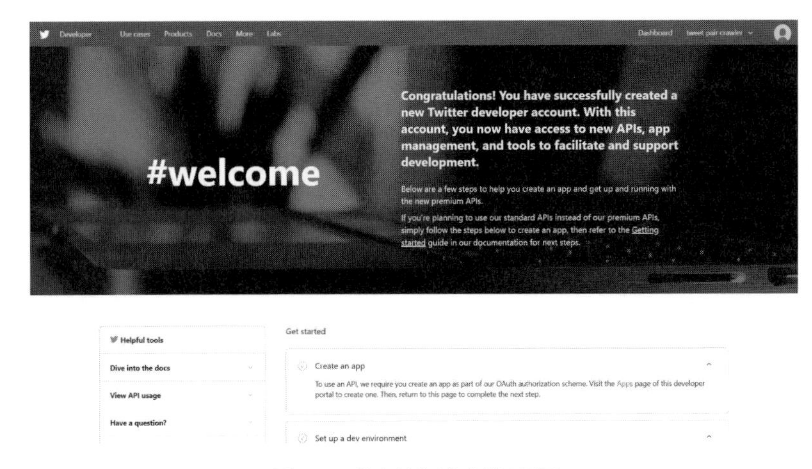

図 3.12 設定が成功した際の画面

次はアプリの登録に進みます．同じ画面の「Create an app」をクリックしてください．図3.13の画面になりますので次の画面右上の「Create an app」をクリックしてください．

図 3.13 Twitter アプリ登録

次はアプリの情報を入力する必要があります（図3.14）．

App nameは他の人と重複しない名前にする必要があります．自由につけてください．Application descriptionには「Twitter data crawler for dialogue systems.」と書いておくとよいでしょう．Website URLは自分のホームページがあればそのURLを，なければ自分のTwitterのページ（`https://twitter.com/`<TwitterのID>）を記入してください．

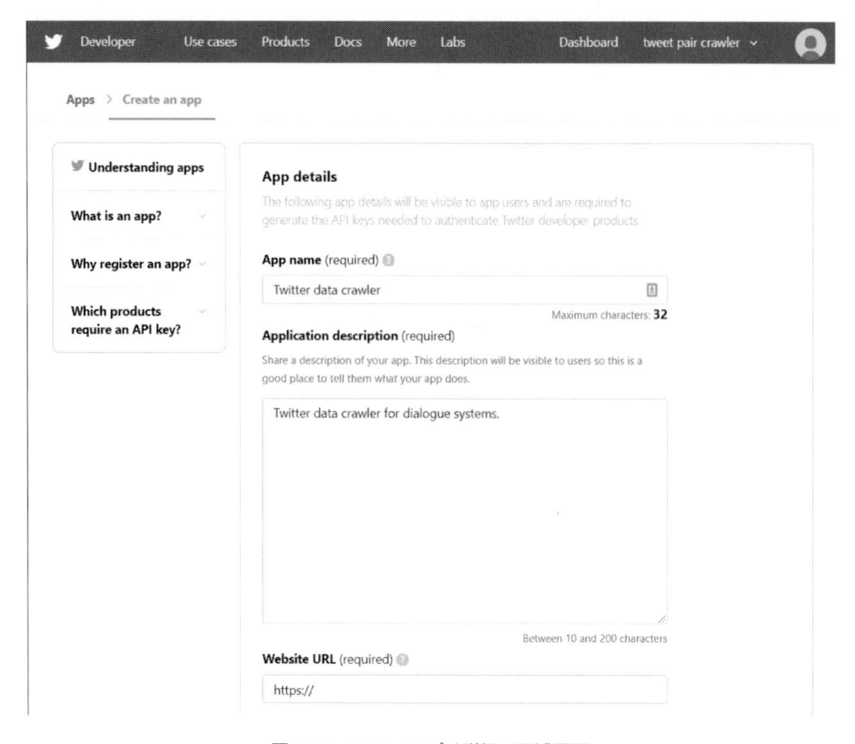

図 3.14 Twitter アプリ詳細の記述画面

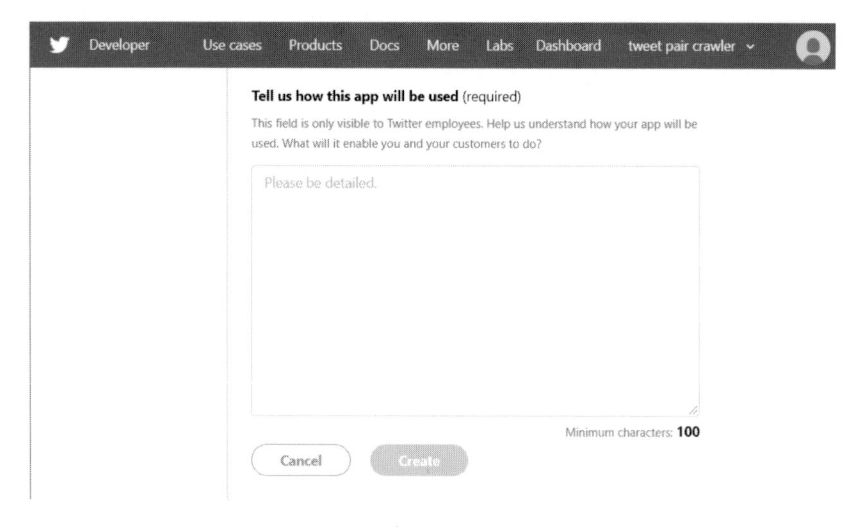

図 3.15 アプリの使用目的の入力欄

同じページの一番下にはアプリの用途を書く必要があります（図3.15）．

こちらは先ほど英語で書いた使用目的と同じことを書いておきましょう．上記をすべて記入したら「Create」をクリックしてください．

最後にTwitterデータとAPIの注意事項が表示されますので，これについてもすべて読んだ上で「Create」をクリックしてください．

アプリの登録に成功すると図3.16の画面になります．

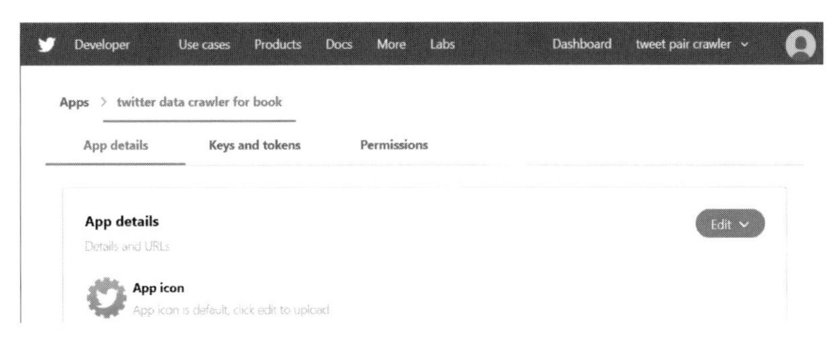

図3.16 Twitterアプリの登録に成功

ここでは「Keys and tokens」をクリックしてください．すると，Twitter APIの利用に必要なAPI keyとAPI secret keyが表示されます．access tokenとaccess token secretについても必要ですので，その下にある「Create」をクリックしてください．これでaccess tokenとaccess token secretが表示されます（図3.17）．

Keys and tokens
Keys, secret keys and access tokens management.
Consumer API keys
(API key)
(API secret key)
Regenerate
Access token & access token secret
(Access token)
token secret)
Read and write (Access level)
Revoke
Regenerate

図3.17 API keyの取得画面（ここで各keyは黒塗りしています）

3.4.3 Twitterデータの収集プログラム

では取得したAPIキーとトークンを使用し，ツイートリプライペアを収集するプログラムを動かしていきましょう．収集プログラムは以下のようになっています．

プログラム 3.16 tweet_crawler.py

```
1  import tweepy
2  import random
3  import re
4
5
6  while True:
7      # ここに先程取得したAPIキーとトークンを入力
8      api_key = ""
9      api_secret_key = ""
10     access_token = ""
11     access_token_secret = ""
12
13     auth = tweepy.OAuthHandler(api_key, api_secret_key)
14     auth.set_access_token(access_token, access_token_secret)
15     api = tweepy.API(auth_handler=auth, wait_on_rate_limit=True)
16
17     # botのツイートを除外するため，一般的なクライアント名を列挙
18     sources = ["TweetDeck", "Twitter Web Client", "Twitter for iPhone",
19                "Twitter for iPad", "Twitter for Android", "Twitter for
                       Android Tablets",
20                "ついっぷる", "Janetter", "twicca", "Keitai Web", "Twitter
                        for Mac"]
21
22
23     # ひらがな一文字で検索し，スクリーンネームを取得
24     words = list("あいうえおかきくけこさしすせそたちつてとなにぬねのはひふへ
           ほまみむめもやゆよらりるれろわをん")
25
26     screen_names = set()
27     for s in api.search(q=random.choice(words), lang='ja', result_type
           ='recent', count=100, tweet_mode='extended'):
28         if s.source in sources:
29             screen_names.add(s.author.screen_name)
30
```

```
31      # ステータスidからステータスを得るためのdict
32      id2status = {}
33
34      # スクリーンネームからタイムラインを取得してツイートを保存.
35      # さらにリプライツイートであれば，リプライ先のスクリーンネームも取得
36      in_reply_to_screen_names = set()
37      for name in screen_names:
38          try:
39              for s in api.user_timeline(name, tweet_mode='extended',
                    count=200):
40                  # リンクもしくはハッシュタグを含むツイートは除外する
41                  if "http" not in s.full_text and "#" not in s.full_text:
42                      id2status[s.id] = s
43                      if s.in_reply_to_screen_name is not None:
44                          if s.in_reply_to_screen_name not in screen_names:
45                              in_reply_to_screen_names.add(s.
                                    in_reply_to_screen_name)
46          except Exception as e:
47              continue
48
49      # リプライ先のスクリーンネームからタイムラインを取得してツイートを保存
50      for name in in_reply_to_screen_names:
51          try:
52              for s in api.user_timeline(name, tweet_mode='extended',
                    count=200):
53                  if "http" not in s.full_text and "#" not in s.full_text:
54                      id2status[s.id] = s
55          except Exception as e:
56              continue
57
58      # 保存したツイートのリプライ先のツイートが保存されていれば，
            id2replyidのキーを元ツイートのid，値をリプライ先ツイートのidとする
59      id2replyid = {}
60      for _, s in id2status.items():
61          if s.in_reply_to_status_id in id2status:
62              id2replyid[s.in_reply_to_status_id] = s.id
63
64
65      # id2replyidのkey
            valueからstatusを取得し，ツイートペアをタブ区切りで保存
66      f = open("tweet_pairs.txt", "a")
```

```
67      for id, rid in id2replyid.items():
68          # 改行は半角スペースに置換
69          tweet1 = id2status[id].full_text.replace("\n", " ")
70          # スクリーンネームを正規表現を用いて削除
71          tweet1 = re.sub(r"@[0-9a-zA-Z_]{1,15} +", "", tweet1)
72
73          tweet2 = id2status[rid].full_text.replace("\n", " ")
74          tweet2 = re.sub(r"@[0-9a-zA-Z_]{1,15} +", "", tweet2)
75
76          f.write(tweet1+ "\t" + tweet2 + "\n")
77      f.close()
78      print("Write " + str(len(id2replyid)) + " pairs.")
```

さて，tweet_crawler.py を上から詳しく説明していきます．

まず，7〜10 行目にはさきほど取得した API key, API secret key, access token, access token secret を上から順にそれぞれ入力しましょう．12〜14 行目では取得した API キーとトークンを設定し，Twitter の OAuth 認証を行っています．Twitter API ではリクエストに回数制限（15 分ごとにリセット）を設けられていますが，最後の `wait_on_rate_limit=True` はその制限を超えてリクエストを送ろうとした場合，制限がリセットされるまでプログラムを休止するようにするオプションです．

```
    # botのツイートを除外するため，一般的なクライアント名を列挙
    sources = ["TweetDeck", "Twitter Web Client", "Twitter for iPhone",
               "Twitter for iPad", "Twitter for Android", "Twitter for
                   Android Tablets",
               "ついっぷる", "Janetter", "twicca", "Keitai Web", "Twitter
                   for Mac"]
```

人間同士のツイートリプライペアのみを取得するため，自動でツイートを行うボットのツイートは除外する必要があります．Twitter API では取得したツイートが，どのクライアントからなされたものかを取得することが可能です．ここで挙げたクライアントは一般に広く使われているものを列挙しました．ボットの場合，これらのクライアントを使ってツイートを行うことはあまりなく，このプログラムでも使用している Twitter API を通じて直接ツイートをすることがほとんどです．したがって，このようにツイートを行ったクライアントを指定すること

でボットのツイートを除外することができます.

27〜29行目ではまず，`search`メソッドを使用し，ランダムで選択したひらがな1文字を含むツイートを検索します．このようにするのは，日本語のみを対象としつつ，検索を行うごとに異なるツイートを取得できるようにするためです．次に，取得されたツイートから，ツイートを行ったユーザのスクリーンネームを取得します（29行目）．その際，ボットのスクリーンネームは除外するようにします．32〜47行目では取得したスクリーンネームから，そのユーザの行ったツイートを取得するとともに，そのユーザのリプライ先のユーザのスクリーンネームを取得します．そして，50〜56行目ではリプライ先のスクリーンネームからそのユーザの行ったツイートを取得します．

以上のアルゴリズムの結果，ユーザのツイートと，そのユーザがリプライを行ったユーザのツイートをまとめて取得することができます．Twitterのユーザは特定の相手と何度もやり取りをすることが多いため，やり取りを行っているユーザのツイートを一気に取得することで，効率的なデータ収集が可能となります．また，このアルゴリズムにはTwitter APIの回数制限（Rate limit）を避け，データを効率的に収集できるという利点があります．この制限は15分でリセットされるのですが，ひらがな1文字でツイートを検索する際に用いたsearchは15分で180回の制限があります．一方，スクリーンネームからツイートを取得するuser_timelineは15分で900回使用することができます．今後，この制限は変更される可能性もありますが，現状では回数制限の厳しいsearchではなく，user_timelineを使用することで，より多くのデータを取得できるようにしています．

59〜62行目では，取得したツイートのリプライ先のツイートIDを確認し，そのツイートが保存されていた場合は辞書型オブジェクトの`id2replyid`のキーにリプライ先のツイートIDを，値にリプライ元のIDを保存しています．

最後に，66行目からはツイート・リプライの関係にあるツイートのIDのペアが保存されている`id2replyid`を用いて，ツイートリプライペアをファイルに書き込んでいます．

収集プログラムの実行

プログラムを実行してみましょう．実行の前に，Twitter APIをPythonから扱うためのtweepyライブラリをインストールする必要があります．以下のコマンドをコンソール上で実行しましょう.

```
$ pip3 install tweepy==3.8.0 urllib3==1.26.9
```

収集プログラムの実行は以下のコマンドです.

```
$ python3 tweet_crawler.py
```

30分～1時間程度待てば，端末上に「Write XXX pairs.」と表示されますので，Ctrl+cでプログラムを終了し，結果を確認してみましょう．収集したデータはtweet_pairs.txtというファイルに保存されていますので，端末上で以下のコマンドを入力してみましょう.

```
$ tail tweet_pairs.txt
```

ツイートのペアが数行表示されれば正しくツイートを取得できています．確認ができたら，再度収集プログラムを実行させておきましょう．深層学習のためには大量のデータが必要です．収集プログラムを長く実行しておけば，それだけ多くのデータが収集できます．少なくとも半日程度はプログラムを実行させておきましょう．なお，プログラムは自動では停止しませんので，終了したい場合は先ほどと同じようにCtrl+cで停止してください．また，誤ってプログラムを停止してしまった場合も，再度プログラムを実行することでデータの収集は継続して行うことができます．もし新たにデータを集め直したい場合は，tweet_pairs.txtを削除した上で，プログラムを実行するとよいでしょう.

3.4.4 Google Colaboratoryによる学習

ではここから収集したデータを使用し，実際に生成ベースの対話システムを作っていきましょう．まだTwitterから十分にデータが収集できていない場合は，用例ベース方式でも使用したdialogue_pairs.txtをtweet_pairs.txtの代わりに使用しましょう．生成ベース方式は機械翻訳を対話に応用したものという説明を先にしましたが，ここではニューラルネットワークを用いた機械翻訳のライブラリであるOpenNMT（Open-Source Neural Machine Translation）を使っていきます．また，OpenNMTで使われているニューラルネットワークの学習を高速で行うため，

Google Colab上でプログラムを実行していきましょう．

Google Driveへのデータの配置

まず，収集したデータをOpenNMTで扱える形式にする必要があります．プログラムは以下のようになります．

プログラム 3.17 generate_data_for_opennmt.py

```
1  import MeCab
2  import os
3
4  # データ数を設定
5  TRAIN_PAIR_NUM = 500000
6  DEV_PAIR_NUM = 2000
7  TEST_PAIR_NUM = 2000
8
9  mecab = MeCab.Tagger ("-Owakati")
10 mecab.parse("")
11
12 source = []
13 target = []
14 with open("tweet_pairs.txt") as f:
15     for i, line in enumerate(f):
16         line = line.strip()
17
18         if "\t" in line:
19             s = mecab.parse(line.rsplit("\t", 1)[0].replace("\t", " SEP
                   "))
20             t = mecab.parse(line.rsplit("\t", 1)[1])
21             # 両方とも5単語以上のツイートリプライペアを使用
22             if len(s) >= 5 and len(t) >= 5:
23                 source.append(s)
24                 target.append(t)
25         # 設定したデータ数に達したら読み込みを終了
26         if len(source) > DEV_PAIR_NUM + TEST_PAIR_NUM + TRAIN_PAIR_NUM:
27             break
28
29 # 出力用のディレクトリを作成
30 os.makedirs("OpenNMT", exist_ok=True)
31
```

```
32  # ファイル出力
33  with open("OpenNMT/dev.src", "w") as f:
34      for l in source[0:DEV_PAIR_NUM]:
35          f.write(l)
36  with open("OpenNMT/dev.tgt", "w") as f:
37      for l in target[0:DEV_PAIR_NUM]:
38          f.write(l)
39  with open("OpenNMT/test.src", "w") as f:
40      for l in source[DEV_PAIR_NUM:DEV_PAIR_NUM + TEST_PAIR_NUM]:
41          f.write(l)
42  with open("OpenNMT/test.tgt", "w") as f:
43      for l in target[DEV_PAIR_NUM:DEV_PAIR_NUM + TEST_PAIR_NUM]:
44          f.write(l)
45  with open("OpenNMT/train.src", "w") as f:
46      for l in source[DEV_PAIR_NUM + TEST_PAIR_NUM:DEV_PAIR_NUM +
            TEST_PAIR_NUM + TRAIN_PAIR_NUM]:
47          f.write(l)
48  with open("OpenNMT/train.tgt", "w") as f:
49      for l in target[DEV_PAIR_NUM + TEST_PAIR_NUM:DEV_PAIR_NUM +
            TEST_PAIR_NUM + TRAIN_PAIR_NUM]:
50          f.write(l)
```

generate_data_for_opennmt.py は tweet_pairs.txt からツイートペアを読み込み，MeCab を使用して分かち書きにした後，ファイルに保存するプログラムです．実行は以下のコマンドです．

```
$ python3 generate_data_for_opennmt.py
```

generate_data_for_opennmt.py を実行すると，作業フォルダ内に OpenNMT フォルダが作成され，その中には train.src, train.tgt, dev.src, dev.tgt, test.src, test.tgt の合計 6 個のファイルが生成されます．train, dev, test の src と tgt はそれぞれペアになっており，src にはリプライ元のツイートが，tgt にはリプライ先のツイートが保存されています．たとえば train.src の 1 行目のツイートに対するリプライは train.tgt の 1 行目のツイートとなっています．

Google Colab でデータを読み込むためには，Google Drive にデータを保存する必要があります．ブラウザで Google Drive を開き，「dsbook」中に「OpenNMT」

フォルダをドラッグアンドドロップしてください．これでファイルの設置は完了です．

学習の実行

学習用のプログラムのソースコードは本書のGitHub上にあります．https://github.com/dsbook/dsbook/blob/master/learn_generative_model.ipynbをブラウザで開き，上部にあるOpen with Colabのリンクをクリックしてください．するとGitHub上のソースコードがGoogle Colabで開かれます．次に,「ドライブにコピー」をクリックしてください．これでlearn_generative_model.ipynbがあなたのGoogle Driveにコピーされました．

あとは，Google Colabで●と表示されている部分を上から順にクリックしていけば学習が実行できます．それぞれ何をしているかを説明していきます．

```
!pip install torch==1.4.0+cu92 torchvision==0.5.0+cu92 torchaudio
     ==0.4.0 torchtext==0.5.0 -f https://download.pytorch.org/whl/
     torch_stable.html
!pip install spacy==2.2.2 panel==0.6.4 fbprophet==0.5 holoviews==1.12.4
      configargparse
!pip install OpenNMT-py==1.0.0
!git clone https://github.com/OpenNMT/OpenNMT-py.git -b 1.0.0
```

まず，上の1，2行目では，本書のバージョンに合わせたPyTorchのインストールと，そのために必要なライブラリをインストールしています．3行目でOpenNMTをインストールし，4行目ではOpenNMTのソースコードをダウンロードしています．

```
from google.colab import drive
drive.mount('./drive')
```

2番目のコードセルでは，Google Drive上のファイルにGoogle Colabからアクセスできるようにしています．実行すると,「このノートブックにGoogleドライブのファイルへのアクセスを許可しますか？」と表示されるので「Google Driveに接続」をクリックし，使用するアカウントを選択してください．次に，表示されるページで「許可」ボタンをクリックしてください．以上の処理により，プログラムはdriveディレクトリからGoogle Drive上のファイルにアクセスすることができるようになります．

```
!python OpenNMT-py/preprocess.py -train_src "drive/My Drive/dsbook/
    OpenNMT/train.src" -train_tgt "drive/My Drive/dsbook/OpenNMT/train
    .tgt" -valid_src "drive/My Drive/dsbook/OpenNMT/dev.src" -
    valid_tgt "drive/My Drive/dsbook/OpenNMT/dev.tgt" -save_data dlg
!python OpenNMT-py/train.py -gpu_ranks 0 --save_checkpoint_steps 50000
    --train_steps 100000 -save_model "drive/My Drive/dsbook/OpenNMT/
    dlg_model" -data dlg
```

3番目のコードセルでは1行目で学習データの前処理，2行目で学習を実行します．2行目の「--train_steps」オプションで学習ステップ数を指定しています．上では100 000ステップとしていますが，学習に2時間程度かかります．前にも説明しましたが，Google Colabは何も操作しないと90分で接続が切れてしまいますので，この設定の場合は90分経つ前にページをリロードすることが必要です．今回，リロードを忘れてしまった場合に備え「--save_checkpoint_steps」オプションで50 000ステップ目でもモデルを保存するように設定していますが，そのモデルを利用する場合，少し不自然な応答が増加するかもしれません．ただし，保存される学習済みモデルのファイル名には保存した時点でのステップ数が入りますので，学習済みモデルを使用する際にはファイル名に注意が必要です（100 000ステップで学習した場合のファイル名はdlg_model_step_100000.ptとなります）．

```
!python OpenNMT-py/translate.py -model "drive/My Drive/dsbook/OpenNMT/
    dlg_model_step_100000.pt" -src "drive/My Drive/dsbook/OpenNMT/test
    .src" -output pred.txt -replace_unk -verbose
!tail pred.txt
```

次のコードセルでは，学習済みモデルを用いてtest.src内のツイートに対し，応答文を生成します．実行すると以下のように表示されます（以下は一例で，表示される内容は各自で異なります）．

```
SENT 1: ['カッコ', 'いい']
PRED 1: ありがとう ござい ます ！
PRED SCORE: -6.9614
```

この例では，「カッコいい」というツイートに対し，「ありがとうございます」という応答を生成したことを意味しています．

Telegram上での対話

学習済みモデルを使ってTelegram上で動作させ，対話してみます．Google Driveの「OpenNMT」フォルダ内の「dlg_model_step_100000.pt」を右クリックからダウンロードを選択し，ダウンロードしたファイルを作業フォルダにおいてください．

生成ベース方式で応答を行うGenerativeSystemクラスは次の通りです．

プログラム 3.18 generative_system.py

```
 1 from onmt.translate.translator import build_translator
 2 import onmt.opts as opts
 3 from onmt.utils.parse import ArgumentParser
 4 import MeCab
 5 from telegram_bot import TelegramBot
 6
 7
 8 class GenerativeSystem:
 9     def __init__(self):
10         # おまじない
11         parser = ArgumentParser()
12         opts.config_opts(parser)
13         opts.translate_opts(parser)
14         self.opt = parser.parse_args()
15         ArgumentParser.validate_translate_opts(self.opt)
16         self.translator = build_translator(self.opt, report_score=True)
17
18         # 単語分割用にMeCabを使用
19         self.mecab = MeCab.Tagger("-Owakati")
20         self.mecab.parse("")
21
22     def initial_message(self, input):
23         return {'utt': 'こんにちは。対話を始めましょう。', 'end': False}
24
25     def reply(self, input):
26         # 単語を分割
27         src = [self.mecab.parse(input["utt"])[0:-2]]
28         # OpenNMTで応答を生成
```

```
29          scores, predictions = self.translator.translate(
30              src=src,
31              tgt=None,
32              src_dir=self.opt.src_dir,
33              batch_size=self.opt.batch_size,
34              attn_debug=False
35          )
36          # OpenNMTの出力も単語に分割されているので，半角スペースを削除
37          utt = predictions[0][0].replace(" ", "")
38          return {'utt': utt, "end": False}
39
40
41  if __name__ == '__main__':
42      system = GenerativeSystem()
43      bot = TelegramBot(system)
44      bot.run()
```

以下ではこのgenerative_system.pyについて詳しく見ていきましょう．このプログラムではGenerativeSystemクラスを定義しています．9〜16行目では学習済みのモデルを読み込みます．保存した学習済みモデルのパスなどは実行時に指定しますので，ソースコードには書かれていません．27行目ではMeCabを使用し，入力文を分かち書き（単語をスペース区切りで並べたもの）にします．MeCabの出力の最後にスペースと改行「\n」が入るので，最後の2文字を削っています．27〜35行目では分かち書きした文をニューラルネットワークに入力し，応答文を生成しています．生成された応答文も分かち書きされていますので，37行目で空白を削除してから返り値としています．実行の前に，OpenNMT-pyをローカル環境にもインストールする必要がありますので，以下のコマンドを実行してください．

```
$ pip3 install OpenNMT-py==1.0.0
```

インストールが完了したら，generative_system.pyを起動しましょう．

```
$ cd
$ cd dsbook
$ python3 generative_system.py -model dlg_model_step_100000.pt -replace_unk
  -src None
```

あとはこれまでと同じくTelegram上で「/start」を送り，対話してみましょう．返ってくる応答は図3.18の例とは異なる場合があります．

図 3.18 生成ベース方式の対話例

起動オプションの変更

generative_system.pyは起動時のオプションを追加することで，応答文の生成方法を変更することが可能です．generative_system.pyをオプションなしで実行するとどのようなオプションが使用可能か一覧が確認できますが，重要なものをいくつか列挙しておきます．

- `--beam_size`

  応答を生成する際のビームサーチのサイズ k を数値で指定します．応答の生成は，単語を前から1つずつ順に生成していくのですが，その際，上位 k 個ずつ次の単語の候補を残しつつ探索を行うのがビームサーチです．サイズを大きくすると，より多くの候補を検討できるようになるため，より高品質な応答が生成されるようになりますが，生成に時間がかかるようになります．

- `--min_length`

  生成する応答の最小単語数を指定できます．デフォルトでは非常に短い文が生成される場合が多いですが，このオプションにより問題を解決できる場合があります．

- `--block_ngram_repeat`

  生成文中で同じ単語が連続する最大の回数を指定できます．`min_length`を大きくすると，文字数を補うために「!」などの記号が連続して出現する場合があります．このオプションを指定することでその回数を制限することができるようになります．

たとえば，ビームサーチサイズ10，最小単語数5，同じ単語の最大連続回数2で実行する場合は，以下のコマンドとなります．

```
$ python3 generative_system.py -model dlg_model_step_100000.pt -replace_unk
  -src None --beam_size 10 --min_length 5 --block_ngram_repeat 2
```

いろいろ起動オプションを変更して，より適切な応答が生成できるようにしてみましょう．

3.4.5 対話システムの拡張

ここからは，本章で作成した対話システムをより性能の高いものにしていくための方針について説明していきます．

文脈の利用

用例ベース，生成ベースのシステムは両方とも直前のユーザの発話をもとにシステムの応答を決定していました．しかし，これでは話の流れを踏まえた応答をすることができません．ここでは，直前のユーザの発話だけではなく，さらにその1つ前の発言も考慮して応答を決定できるように拡張してみましょう．

まず，そのために新たなデータを収集する必要があります．これまではツイートとリプライのペアを収集しましたが，ツイートとリプライに加え，そのリプライに対するリプライの3つ組を収集できるように tweet_crawler.py を修正します．修正は tweet_crawler.py の一番下に以下を追記するだけです．

```
# ツイート3つ組を保存
f = open("tweet_triples.txt", "a")
for id, rid in id2replyid.items():
    if rid in id2replyid:
        tweet1 = id2status[id].full_text.replace("\n", " ")
        tweet1 = re.sub(r"@[0-9a-zA-Z_]{1,15} +", "", tweet1)

        tweet2 = id2status[rid].full_text.replace("\n", " ")
        tweet2 = re.sub(r"@[0-9a-zA-Z_]{1,15} +", "", tweet2)

        tweet3 = id2status[id2replyid[rid]].full_text.replace("\n",
            " ")
        tweet3 = re.sub(r"@[0-9a-zA-Z_]{1,15} +", "", tweet3)
```

```
            f.write(tweet1 + " SEP " + tweet2 + "\t" + tweet3 + "\n")
        f.close()
```

複数の発話を考慮する方法はいくつかありますが，簡単な方法としては2発話を区切り記号を挟んで連結し，一括で入力するやり方です．この3つ組収集プログラムでは，1ツイート目と2ツイート目を「SEP」という区切り記号（BERTで使用した区切り記号[SEP]とは異なります）で連結して保存するようになっています．2ツイート目と3ツイート目はタブ区切りとなっており，これはツイートペアの収集時と同じです．

あとはgenerate_data_for_opennmt.py内のtweet_pairs.txtをtweet_triples.txtと書き換えた上で実行してください．前回と同じようにtrain.src, train.tgt, dev.src, dev.tgt, test.src, test.tgtの合計6個のファイルが生成されますので，Google Driveにデータを保存し，Google Colabで学習を行ってください．やり方は前回と同じです．

文脈を考慮した生成ベース方式で応答を行うContextGenerativeSystemクラスは次の通りです．

プログラム 3.19 context_generative_system.py

```
1  from onmt.translate.translator import build_translator
2  import onmt.opts as opts
3  from onmt.utils.parse import ArgumentParser
4  import MeCab
5  from telegram_bot import TelegramBot
6
7  class ContextGenerativeSystem:
8      def __init__(self):
9          # コマンドラインで指定したオプションをもとにモデルを読み込む
10         parser = ArgumentParser()
11         opts.config_opts(parser)
12         opts.translate_opts(parser)
13         self.opt = parser.parse_args()
14         ArgumentParser.validate_translate_opts(self.opt)
15         self.translator = build_translator(self.opt, report_score=True)
16
17         # 分かち書きのためにMeCabを使用
18         self.mecab = MeCab.Tagger("-Owakati")
```

```
19            self.mecab.parse("")
20
21            # 前回の応答を保存しておく辞書
22            self.prev_uttr_dict = {}
23
24
25        def initial_message(self, input):
26            message = 'こんにちは。対話を始めましょう。'
27            self.prev_uttr_dict[input["sessionId"]] = message
28            return {'utt': message, 'end':False}
29
30
31        def reply(self, input):
32            # 前回の応答と入力文をSEPを挟んで連結する
33            context = self.prev_uttr_dict[input["sessionId"]] + " SEP " +
                  input['utt']
34            # 分かち書きにする
35            src = [self.mecab.parse(context)[0:-2]]
36            # ニューラルネットワークに分かち書きされた文脈を入力し，生成結果を得る
37            _, predictions = self.translator.translate(
38                src=src,
39                tgt=None,
40                src_dir=self.opt.src_dir,
41                batch_size=self.opt.batch_size,
42                attn_debug=False
43            )
44            # 生成結果も分かち書きされているので空白を削除
45            generated_reply = predictions[0][0].replace(" ", "")
46            # 次回の応答生成のために今回の応答を保存
47            self.prev_uttr_dict[input["sessionId"]] = generated_reply
48            return {"utt": generated_reply, "end": False}
49
50    if __name__ == '__main__':
51        system = ContextGenerativeSystem()
52        bot = TelegramBot(system)
53        bot.run()
```

ContextGenerativeSystem クラスは GenerativeSystem クラスをベースにしていますが，前回の応答を保存しておく辞書 prev_uttr_dict を用意し，応答を行うごとにその応答を保存しておきます．

応答を生成する際は，保存した応答と入力文を区切り記号「SEP」で連結した上でモデルに入力し，応答を生成しています．

context_generative_system.py を以下のコマンドで起動し，対話してみましょう．

```
$ python3 context_generative_system.py -model dlg_model_step_100000.pt
  -replace_unk -src None
```

さて，ここでは前回のシステムの応答とユーザの入力を考慮して次の応答を生成しましたが，それよりも前，前回のユーザの入力や前々回のシステムの応答を考慮して応答を生成することも同様のやり方で可能です．各自でどれくらいの文脈の長さを考慮するとより自然な応答ができるようになるか見つけてみましょう．

話し方の変換

タスク指向型対話システム，ルールベース方式の非タスク指向型対話システムでは，事前に準備された話し方をしていました．しかし，用例ベース方式，生成ベース方式のシステムはtwitterなどからデータを集めてくる性質上，話し方はいろいろな人の話し方が混ざったものになりがちです．そうなると，「私はスキーが好き」といった後に「俺，スノボーめっちゃやるねん」のように，一人称や語尾などが全く違う発話をすることもあります．ここでは，人称，語尾といった話し方をルールを使って変更し，統一できるように拡張してみましょう．

まず，目標とする話し方を決めましょう．話しているのは男性なのか，女性なのか，若いのか老いているのか，方言はあるのかなど，話し方に関係するような要素を洗い出してみるとよいかもしれません．または，システムに対して持って欲しい印象から逆算して話し方を決めるのもよいかもしれません．

今回は，システムに関西弁っぽい話し方を与えてみます．ほとんどの方言の特徴は語尾に集中しているため，今回は語尾をうまく変換するルールを書くことで話し方を制御します．語尾の変換の処理は以下のようになります．

プログラム 3.20 converter.py

```
1  import MeCab
2
3  class Converter:
4      def __init__(self):
```

```
5          self.tagger = MeCab.Tagger('-Owakati')
6
7          self.convert_rules = [
8              ('です 。', 'や ねん 。'),
9              ('だよ 。', 'や で 。'),
10             ('だ 。', 'や 。'),
11             ('です か 。', 'やろ か 。'),
12             ('かも 。', 'やろ なぁ 。'),
13             ('だった 。', 'やった 。'),
14             ]
15
16     def convert(self, text):
17         tokens = self.tagger.parse(text)
18         for rule in self.convert_rules:
19             tokens = tokens.replace(rule[0], rule[1])
20         text = ''.join([ word for word in tokens.split()])
21         return text
22
23 if __name__=='__main__':
24     converter = Converter()
25     text = '私はスキーが好きです。'
26     print( converter.convert(text) )
```

```
$ python3 converter.py
```

上記のコマンドでプログラムを実行すると「私はスキーが好きです。」から「私はスキーが好きやねん。」に変換されます．変換の処理は簡単で，7〜14行目で事前に用意した「変換前の単語」と「変換後の単語」を対応させた変換ルールを用い，18行目のforループでそれぞれ置き換えを行っていくだけです．

プログラム 3.21 converter.py

```
        for rule in self.convert_rules:
            tokens = tokens.replace(rule[0], rule[1])
```

ルールを作るコツとしては，できる限り確実な置き換えをするルールを考えることが重要です．たとえば，安易に「だ」を関西弁の「や」に置き換えるルールを書いてしまうと，すべての「だ」が「や」に置き換わってしまいます．このような1文字，1単語の置き換えを行うときは，その前後が単語として切れていることを表現するために半角スペースで囲んで「 だ 」を「 や 」に置き換えるルールにしたり，前後の単語も合わせて「だ 。」を「や 。」に変換するルールにしたりする方が安全です．いくつか典型的な文例を考えて，うまく変換を行えるルールを作ってみてください．

最後に，雑談対話システムのプログラム（ebdm_system.py）の reply 関数に，この話し方の変換を組み込んで，関西弁で話す対話システムのプログラムを見てみます．変更部分は reply 関数の中身で，応答選択によって選ばれた文に対して語尾の変換を行っています．

プログラム 3.22 converter_ebdm_system.py

```
 1  from telegram_bot import TelegramBot
 2  from elasticsearch import Elasticsearch
 3  import MeCab
 4  # コサイン類似度で使うライブラリ
 5  from sklearn.metrics.pairwise import cosine_similarity
 6  from sklearn.feature_extraction.text import CountVectorizer
 7  # レーベンシュタイン距離で使うライブラリ
 8  import Levenshtein
 9  # word mover’s distance で使うライブラリ
10  from gensim.models import Word2Vec
11  # 語尾変換用のクラス
12  import Converter
13
14  # MeCab の初期化とエラー回避のための 1 回目 parse
15  tagger = MeCab.Tagger('-Owakati')
16  tagger.parse("")
17  # w2v モデルの読み込み
18  w2v = Word2Vec.load('./word2vec.gensim.model')
19  # 語尾変換用のクラス
20  converter = Converter.Converter()
21
22  # 類似度の評価関数
23  # コサイン類似度
24  def cosine(a, b):
25      # 2章で発話のベクトル化をした時と同じように，
            sklearn の vectorizer を使って単語頻度ベクトルを作る
```

```
26      a, b = CountVectorizer(token_pattern=u'(?u)\\b\\w+\\b').
            fit_transform([tagger.parse(a), tagger.parse(b)])
27      # cosine_similarityでコサイン類似度を計算する
28      return cosine_similarity(a, b)[0]
29
30  # レーベンシュタイン距離
31  def levenshtein(a, b):
32      # Levenshtein距離を計算する，これは距離なので-をつける
33      return -Levenshtein.distance(a, b)
34
35  # word mover's distance
36  def wmd(a, b):
37      # mecabで単語に区切る
38      a, b = tagger.parse(a).split(), tagger.parse(b).split()
39      # word mover's distanceを計算する
40      return -w2v.wmdistance(a, b)
41
42  class EbdmSystem:
43      def __init__(self):
44          self.es = Elasticsearch()
45
46      def initial_message(self, input):
47          return {'utt': 'こんにちは。対話を始めましょう。', 'end':False}
48
49      def reply(self, input):
50          max_score = -float('inf')
51          result = ''
52
53          for r in self.__reply(input['utt']):
54              score = self.evaluate(input['utt'], r)
55              if score > max_score:
56                  max_score = score
57                  result = r[1]
58          result = converter.convert(result)
59          return {"utt": result, "end": False}
60
61      def __reply(self, utt):
62          results = self.es.search(index='dialogue_pair',
63                      body={'query':{'match':{'query':utt}}, 'size':100,})
64          return [(result['_source']['query'], result['_source']['response
                '], result["_score"]) for result in results['hits']['hits
```

```
                  ']]
65
66      def evaluate(self, utt, pair):
67          #utt: ユーザ発話
68          #pair[0]: 用例ベースのtweet
69          #pair[1]: 用例ベースのreply
70          #pair[2]: elasticsearchのスコア
71          #返り値: 評価スコア(大きいほど応答として適切)
72          return pair[2]
73
74  if __name__ == '__main__':
75      system = EbdmSystem()
76      bot = TelegramBot(system)
77      bot.run()
```

これにより，用例ベースから取り出した応答文に対して，語尾を関西弁に変換して応答する対話システムができました．最後に，この対話システムがちゃんと動くか確認しましょう．コンソール上で次のコマンドを入力し，Telegramから対話をして確認します．

```
$ python3 converter_ebdm_system.py
```

関西弁で話してくれるようになったのではないでしょうか．より多くの関西弁のレパートリーを増やしたければ，converter.pyのconvert_rulesをさらに追加してみましょう．

Coffee break

キャラクタ性

みなさんは人工知能と聞いてどんなものが思い浮かぶでしょうか？

2001 年宇宙の旅の HAL9000 でしょうか，ナイトライダーの K.I.T.T. でしょうか，身近なところだとドラえもんや鉄腕アトムかも？このような SF における人工知能は，どれも流暢かつ賢そうな話し方で，むずかしい話題でも難なく人間と話すことが可能です（もちろん，言葉を話さない人工知能，スーパーコンピュータのようなものもあります）．SF の人工知能は対話ができて当然の存在として語られますが，一方で，今回作った対話システムはどうでしょうか．お世辞にも，賢そうな話し方とは言えないかもしれませんし，むずかしい話題について話すこともできないかもしれません．話題はともかく，話し方は対話システムの能力とは必ずしも比例しないのですから，話し方なんて重要ではないと思うかもしれません．ですが人間の認知というのも賢いもので，相手の話し方が一貫していない場合，情緒不安定だと感じたり，説得力がないと感じたり，人間関係の距離感がうまく取れていないと感じたりします．このような現象を回避するためには，対話システムがどんなキャラクタ性を持っているのか，どんな話し方で，どんな話題に興味があるのかを一貫させておく必要があります．

逆に，対話システムの話し方をうまく利用することもできます．アラン・チューリング氏の没後 60 年を記念して，2014 年に英国王立協会が実施したチューリングテストで，「ウクライナ在住の 13 歳の少年である Eugene Goostman くん」という設定の対話システムが，見事にチューリングテストに合格しました．この「ウクライナ在住の 13 歳の少年である Eugene Goostman くん」という設定が非常に重要で，この対話システムは話す内容や話し方をいかにも子供っぽくしています．子供であれば，多少変なことを言ったり，急に話し方が変わったりしても，「子供だったら仕方ないかも？」と思わせることができるかもしれません．あなたが作った対話システムをチューリングテストに出すときに参考になるかも？

第4章 Amazon Alexa/Google Homeへの実装

本章では，これまで作ってきた対話システムとAmazon Alexa，Google Homeを連携させ，AIスピーカでも対話ができるようにします．さらに，これまでの作ってきた対話システムを組み合わせて，天気情報案内をしつつ雑談もできる対話システムの作り方を説明します．

4.1 実装の概略

AIスピーカで自分が作った対話システムを動かすためには，いくつかのサービスを連携して，図4.1のような構成を作る必要があります．大まかな構造は1章で説明した設計指針と似ていますが，AIスピーカのサーバと通信を行うために，alexa_bot.pyやgooglehome_bot.pyが実行体となっているので注意してください．また，Amazon AlexaやGoogle Homeのスキル・アプリケーションの開発サービスは提供元であるAmazonやGoogleのアップデートにより，操作画面や操作方法が変更される場合があります．そのため，執筆当初の内容から変わっている場合もありますので注意してください．

この構成はAmazon Alexaを使うのか，Google Homeを使うのかによって詳細は異なりますが，おおよその構成は同じです．具体的に，それぞれのサービスがどのような役割を持っているのか説明します．

Amazon Alexa/Google Home　AIスピーカ本体です．AIスピーカはユーザから「○○スキルを起動して」とか「○○を教えて」と声をかけられたら，親サービスであるAlexa Developer ConsoleやDialogflowに接続して，該当するアプリケーションに問い合わせを行います．

Alexa Developer Console/Dialogflow　**Alexa Developer Console**はAmazon

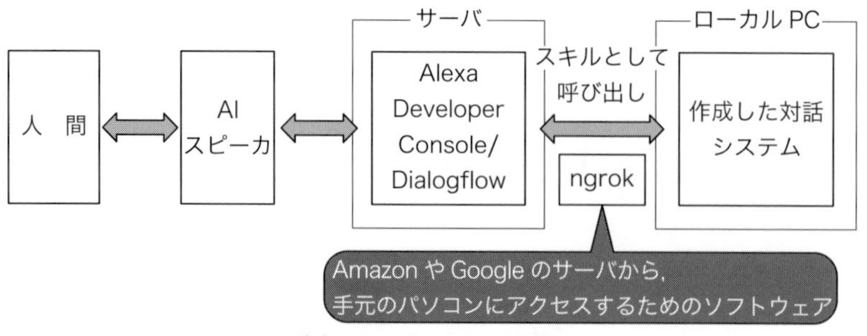

(a) AIスピーカとの連携

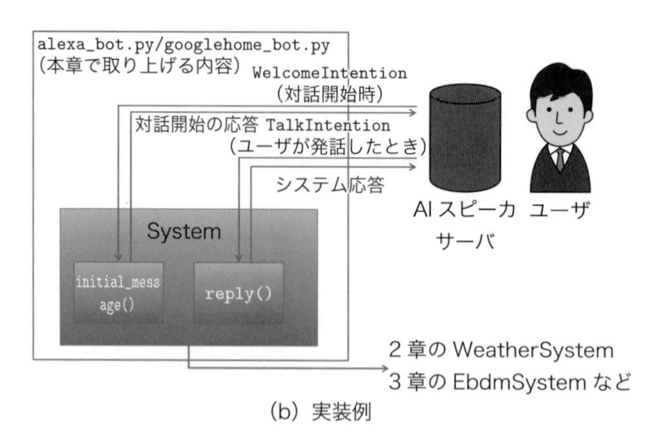

(b) 実装例

図 4.1 AIスピーカを用いた対話システムの構成

Alexaで使えるスキルを開発・運用するためのフレームワークの1つです．Alexa Developer Consoleも高度な言語処理をサポートする機能が提供されており，地名や日付といった単語を簡単に抜き出すことができます．一方で，ユーザの発話全文を取り出すためにはいくらか工夫が必要である点には注意が必要です．DialogflowはGoogle Homeなどで使えるアプリケーションを開発・運用するためのフレームワークの一つです．Dialogflowの良いところは，Google Home以外にもLINEやSkypeなどといったメジャーなメッセンジャーなどと簡単に連携できる点や，Alexa Developer Consoleと同様に高度な言語処理をサポートする機能が提供されている点です．これらの機能は今回は利用しませんが，簡単なタスク指向型対話システムならDialogflow上で作れてしまいます．

ngrok ngrokは外部アプリケーションとローカルのプログラムとを繋ぐためのサービスです．皆さんのパソコンで動かしているローカル（外からアクセスできない）のプログラムに対して，外（AmazonやGoogleのサーバ）からアクセスできるようにして，AIスピーカと連携させるために使います．本来なら，herokuや自前のバーチャル・プライベート・サーバ（VPS）を立てたりして，AmazonやGoogleのサーバからのリクエストを受け取れるようにするのですが，サーバを立てたりするのはお金や手間がかかったりするので，本書では無料で利用できるngrokのサービスを活用して一時的に動くようにします．

対話システム 本書の2, 3章で開発した対話システムのことです．ここでは，Telegramではなくngrokと連携することで，手元のPCを擬似的にサーバのように動かし，Alexa Developer ConsoleやDialogflowからのメッセージを受け取り，対話システムの処理結果をまたAlexa Developer ConsoleやDialogflowに送り返します．

Amazon Alexa/Google Homeともに構成としては，ユーザがAIスピーカに話しかけ，AIスピーカが親フレームワーク（Alexa Developer Console/Dialogflow）に発話を渡し，ngrokを経由して対話システムに発話を入力し，応答を親フレームワークに返し，さらにAIスピーカに渡し，AIスピーカがユーザに向かって読み上げる，というように動きます．

Alexa Developer Console/Dialogflowはアプリケーションやスキルを開発するためのサービスですが，今回は対話に関するほとんどの処理を対話システム側で実装しているので，これらのサービスは単なる情報の受け渡しをするためだけに機能することになります．それでは，次の節からは共通の実装，および，AIスピーカごとの実装をしていきましょう．

4.2 共通の実装

それでは，ngrokのURLにアクセスし，図4.2のボタンからユーザ登録を行います．

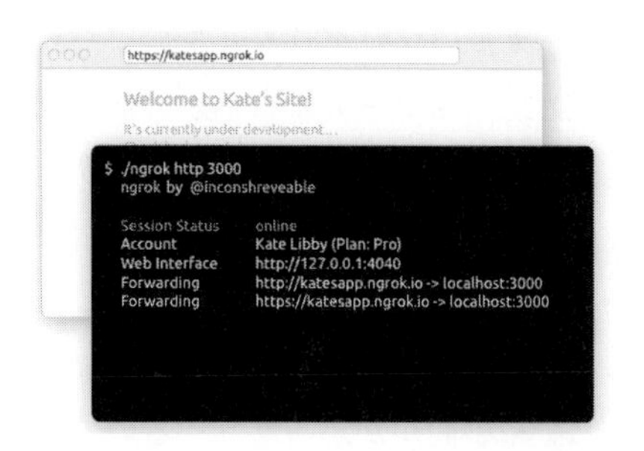

図 4.2 ngrok への登録

```
https://ngrok.com/
```

必要な項目を入れていきます．今回は無料会員で登録します．

登録が完了すると，ngrok のインストール方法が表示されます．ここから先は，OS によってダウンロードするファイルが違うので，自身の OS に合わせて作業をしてください．

Windows

Windows は WSL を使っていますので，「Download for Windows」のボタンではなく，小さく書かれている「Linux」というリンクをクリックして，ngrok-stable-linux-amd64.tgz というファイルをダウンロードします．ダウンロードしたファイルは，ホームフォルダである dsbook においてください．続いて，コンソールで以下のコマンドを実行して，ファイルを展開します．

```
$ cd
$ cd dsbook
$ tar xf ngrok-stable-linux-amd64.tgz
```

macOS

macOS 環境では Download for Mac OS X と表示されているボタンを押して ngrok-stable-darwin-amd64.zip というファイルをダウンロードします．ダウンロードしたファイルは，ホームフォルダである dsbook においてください．続いて，コンソール上で以下のコマンドを実行して，ファイルを展開します．

```
$ cd
$ cd dsbook
$ unzip ngrok-stable-darwin-amd64.zip
```

次に，ngrokを実行して，先ほど登録したアカウントと，ダウンロードしたプログラムを連携します．先ほどのブラウザに戻って以下のURLに移動し，図4.3の吹き出し1が指しているコマンドをコピーして，コンソールに貼り付けて実行しましょう．もし，コマンドを実行してもうまくいかない場合，“ngrok” コマンドの先頭に “./” をつけて，“./ngrok” にしてみてください．続くコマンドを実行する際も同様です．

```
https://dashboard.ngrok.com/get-started
```

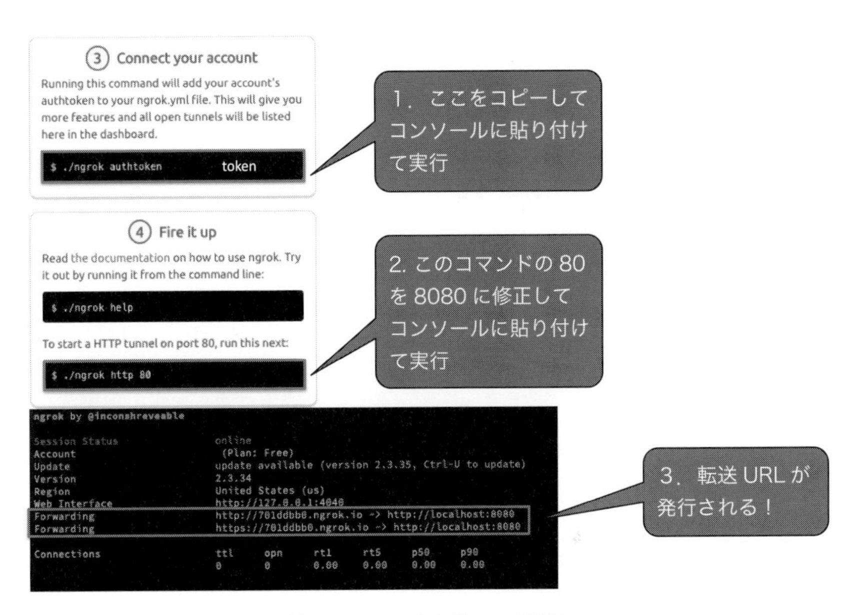

図 4.3 ngrokの転送URLの発行

次は，ngrokを実行するために，以下のコマンドを実行します．図4.3の吹き出し2が指している部分をコピーして，コンソールに張り付けた上，一番後ろの80と書いてある部分を8080に書き直して実行してもOKです．

```
./ngrok http 8080
```

ngrokを起動することでAlexa Developer Console/Dialogflowのサーバから，あなたの手元のPCにアクセスするための転送URLが発行できます．

localhostとngrokのURLが繋がったことが，図4.3の吹き出し3が指している箇所に表示されています．これで，Alexa Developer ConsoleやDialogflowからあなたのパソコンにアクセスすることができるようになりました．

無料プランのngrokでは1つのプロセスしか動かせず，また，1分間に40の接続しかできません．また，対話システムが動いているPCをシャットダウンすると当然動かなくなります．今回のような，自分で作った対話システムを，自分で使うために一時的に動かすのであれば問題ありませんが，ngrokの制約を大きく超えるような，多くの人からいつでも使える対話システムを提供するには，常時稼働する自宅サーバやVPS，herokuなどのサーバを用意する必要があります．たくさんの人に使ってもらう対話システムの構築に興味のある方は，是非VPSやherokuの勉強をして，対話システムが動くサーバの立ち上げに挑戦してみてください！

ここまでで，Alexa Developer Console/Dialogflowからあなたの手元のPCにアクセスできるように環境が整いました．しかし，まだ肝心の対話システムが動いていません．ここからは，対話システムを動かすためのプログラムの準備をしていきます．Amazon Alexa, Google Homeでそれぞれ必要となっていく作業を説明していきます．みなさんが挑戦したい方を選んで，もしくは両方順番に挑戦してみてください．

なお，これらの作業はAmazon Alexa，Google Homeのアップデートなどに伴って，インタフェースの見た目や使い方も変わっていきます．何か説明と違うなと感じたら，公式ドキュメントなども参照してみてください．

4.3 Amazon Alexaへの実装

Amazon Alexaを通して自分の作った対話システムと会話をするためには，スキルと呼ばれるAlexa用のサービスとして対話システムを作らなければなりません．Alexa Developer Consoleに登録し，スキルの作成をしていきましょう．まずは，`https://developer.amazon.com/ja-JP/alexa?&&`にアクセスしましょう．図4.4の「ログイン」からログイン画面に行きます．Amazonのアカウントをお持ちでない方は，ページ下部からアカウントを作成できます．その後，作成したアカウントで

図 4.4 Alexa Developer Console の登録

ログインしてください．なお途中で Amazon 開発者ポータルへの登録というページが開く場合があります．その場合は，ページの指示に従って氏名や連絡先を入力して進んでください．

登録が終わったら，`https://developer.amazon.com/alexa/console/ask` にアクセスします．図 4.5 のボタンから新規スキルを作成します．

Alexa Skills Kit開発者コンソールにようこそ

スキル　収益　支払い　ホスティング

ここから新スキル作成画面へ

Alexaスキル

スキル名　言語　タイプ　更新日　ステータス　アクション

test　日本語(日本)　カスタム　2019-08-04　開発中

新しいスキルを作成

スキル名

デフォルトの言語

日本語(日本)

スキル名，言語を選択してスキル作成ボタンを押す

図 4.5 新規スキルの作成

新規スキルを作ったら，まずはスキルの名前を決めましょう．画面左のメニューから，呼び出し名を選択して，スキルの名前（アレクサ，○○を起動して，の○○にあたる部分）を入力しましょう．できるだけ他のスキル名と違う名前になっているほうが使いやすく，わかりやすいです．

具体的なスキルの開発では**インテント**，**スロット**，**エンドポイント**という3つの項目が重要になります．インテントは「ユーザが話しかけてきたときにどのような処理をするのか」を決め，スロットは「ユーザの話しかけてきた内容から何を取り出すか」を決め，エンドポイントは「取り出した情報をどこに送るのか」を決めます．今回は，インテントは「ユーザが話しかけてきたときに，ユーザの発話全体を取得する」，スロットは「ユーザの発話全体」，そしてエンドポイントは「ngrokを通してローカルPCで動いている対話システム」ということになります．

インテントを作るためには，ユーザの発話を入れるスロットが必要なので，先にスロットから作成していきましょう．スロットは「ユーザの発話文からどのような情報を抜き出すか」を定義する部分です．たとえば，2章で作ったような天気情報案内対話を作る場合，地名や日付，時間などといった情報を抜き出せれば，対話で活用できそうです．このスロットは最初からいくつかの種類が用意されており，その内容もAmazonが事前に準備してくれています．ですので，タスク対話システムの実装は，Alexa Developer Console上で行ったほうが早いこともままあります．

今回は，雑談対話もするため，スロットは何らかの場所や時間などの情報のみでなく，ユーザの発話全体を取得することが目的となります．しかし，Amazon Alexaは全文取得に対応していないので，ちょっとした小技で対応していきます．まずカスタムスロットという開発者が好きに取得する情報を決められるスロットを作成します．そして，図4.6のように値を「ほげほげ」に設定します．Alexa Developer Consoleのスロットは，そのスロットに少しでもマッチする情報は取得しようと動くため，このような特に意味のない語彙を値に入れておくことで，ユーザの入力をこのスロットに入れようとします．この特徴をうまく利用して，自由発話が取れるようにしました．図4.6を参考に，ブラウザからカスタムスロットの設定を行ってください．

この方法にも欠点があり，Amazonが事前に用意しているスロットに入るような内容はそちらに吸われてしまいます．特に，AMAZON.ColorやAMAZON.City

図 4.6 カスタムスロットの設定

といった一部のスロットには，なぜか該当する情報以外の内容が入りやすくなっています．そこで，いくつか発話の全文が入りやすいスロットを用意しておき，その中身の情報をマージすることでユーザの発話全体を取得するようにします．この処理は，対話システム側に実装しますので，ここではカスタムスロットと，AMAZON.Color，AMAZON.City スロットを用意しておきます．

次は，このスロットを埋めるためのインテントを用意していきます．インテントでは，ユーザが話しそうな内容について，スロットを使いながら「AMAZON.City の天気を教えて」とか「AMAZON.Date は何曜日？」のようにテンプレートを記述することで，どんな発話がされたときにこのインテントを呼ぶか，発話の中のどの部分がスロットの中身になるのかを定義していきます．今回はユーザからどのような話しかけがあったとしても，ユーザの発話全体を取得した上で，対話システムにその情報を受け渡したいので，インテントでは図 4.7 のようにして，スロットのみのテンプレートを用意します．

図 4.7 では，1 で新しいインテントを作り，インテントの名称を「HelloIntent」に設定しています．そして，2 でインテントスロットに「any_text_a」という名前のスロットを作り，スロットタイプを先ほど作った「any_text」に設定します．同じよ

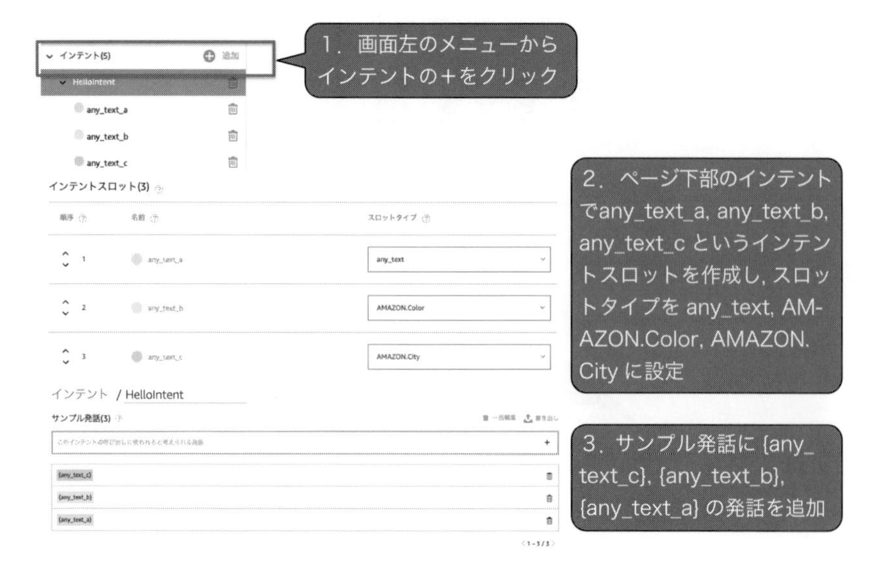

図 4.7 インテントの設定

うに「any_text_b」という名前でスロットタイプを「AMAZON.Color」に設定し,「any_text_c」という名前でスロットタイプを「AMAZON.City」に設定します. 最後に, 3でサンプル発話に「{any_text_a}」「{any_text_b}」「{any_text_c}」と, 先ほど作ったインテントスロットの名前を入れていきます. これにより, ユーザ発話の内容がそのままインテントスロットのどれかに格納されるようになります.

これで, 先ほど作成したスロットの中にユーザの発話全体が入ることになりました.

最後に, エンドポイントを登録します (図4.8). Alexa Developer Consoleで動かしているスキルが情報を受け渡す先をエンドポイントと呼びます. 今回はHelloIntentが実行されてスロットの中にユーザの発話が入ったら, その内容をngrok経由で対話システムに受け渡しますので, ngrokの転送URLを登録します. なお, ngrokは起動するたびにURLが変わりますので, 先ほど起動したngrokのアドレスと必ず同じになるように入力してください. なにかおかしいな？ と思ったらngrokの再起動とエンドポイントURLの更新をしたかを確認してみてください.

これでAmazon Alexaはユーザに話しかけられたら, そのユーザの発話をAlexa Developer Consoleを経由して, あなたのPCに情報を受け渡せるようになりました.

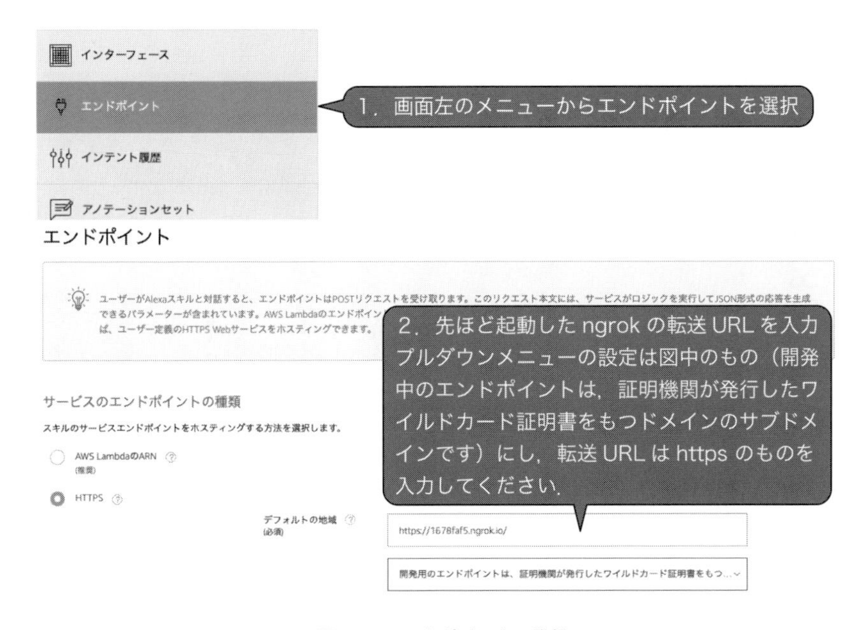

図 4.8 エンドポイントの登録

最後に，これまで登録してきた内容を Amazon Alexa のサーバに反映させます．画面上部にある「モデルを保存」をまずクリックし，続いてその2つ右隣の「モデルをビルド」をクリックします．これで，少し時間を置いたのち，あなたの Alexa スキルがサーバに反映されます．

ここからは，受け取った情報を対話システムに渡して，応答を取得できるようにプログラムを改良していきます．Alexa Developer Console から，ngrok を経由してエンドポイントに送られた情報を取得するためには，**flask ask** と呼ばれるライブラリを利用します．flask ask は Python で web アプリケーションを作るためのフレームワークである flask を，Alexa スキルを開発するために改良したフレームワークです．このフレームワークを使うことで，Alexa Developer Console から送られてくるインテントやスロットに関する処理が非常に簡単にできるようになります．

まず，flask_ask と，通信に関連するライブラリをインストールします．ngrok をコンソールで起動している途中だと思いますので，もう一つコンソールを立ち上げて以下を実行しましょう．

Windows

```
$ sudo apt install libssl-dev
$ pip3 install flask-ask==0.9.7 pyOpenSSL==17.0.0 Werkzeug==0.11.15
  itsdangerous==2.0.1 'cryptography<2.2' MarkupSafe==1.1.0
  Jinja2==2.11.3
```

MacOS

```
$ brew install openssl@1.1 rust
$ env LDFLAGS="-L$(brew --prefix openssl@1.1)/lib" CFLAGS="-I$(brew
  --prefix openssl@1.1)/include" pip3 install flask-ask==0.9.7
  pyOpenSSL==17.0.0 Werkzeug==0.11.15 itsdangerous==2.0.1
  'cryptography<2.2' MarkupSafe==1.1.0 Jinja2==2.11.3
```

プログラム 4.1 alexa_bot.py

```
 1  from flask import Flask
 2  from flask_ask import Ask, statement, question, session
 3  import ebdm_system
 4
 5  # Flask を起動
 6  app = Flask(__name__)
 7  ask = Ask(app, '/')
 8
 9  # 対話システムを起動
10  system = ebdm_system.EbdmSystem()
11
12  # alexa から送られてきたテキストのうち，最も長いもの（=ユーザの発話）を抜き
        出すためのメソッド
13  def marge_texts(texts):
14      text = ''
15      for t in texts:
16          try:
17              if len(t) >= len(text):
18                  text = t
19          except: pass
20      return text
21
22  # 起動した時に呼び出されるインテント
```

```
23 @ask.launch
24 def launch():
25     # 発話はなし,session.
           sessionIdでセッションIDを取得してinitial_messageを返答
26     response = system.initial_message({"utt":"","sessionId":session.
           sessionId})
27     return question(response['utt'])
28
29 # ユーザが話しかけた時に呼び出されるインテント
30 # mappingはalexaから送られてきたスロット（情報）をどのような変数名で受け取
       るかを定義している
31 @ask.intent('HelloIntent', mapping={'any_text_a': 'any_text_a', '
       any_text_b': 'any_text_b','any_text_c': 'any_text_c', })
32 def talk(any_text_a, any_text_b, any_text_c):
33 # 受け取ったスロットをまとめて,長いものを抜き出す
34     texts = [ any_text_a, any_text_b, any_text_c ]
35     text = marge_texts(texts)
36 # ユーザ発話を対話システムの応答生成に与える,セッションIDもsession.
       sessionIdで取得する
37     mes = system.reply({"utt":text,"sessionId":session.sessionId})
38
39 # この発話で終了する時はstatement（この発話でスキルを終了する）で応答
40     if mes['end']: return statement(mes['utt'])
41 # この発話で終了しない場合はquestion（ユーザの応答を待つ）で応答
42     else: return question(mes['utt'])
43
44 if __name__ == '__main__':
45 # port8080でflaskのサーバを起動
46     app.run(port=8080)
```

3行目が2, 3章で作った対話システムのクラスをインポートする部分です．10行目で対話システムのクラスをインスタンスとして呼び出しています．この部分を2章で作ったタスク対話システムに変えたり，3章で作った雑談対話システムに変えたりすることで，任意の対話システムとAmazon Alexaをつなげることができます．一つ注意して欲しいのは，これまで作ってきたプログラムでは，ebdm_system.pyやweather_system.pyが実行体で，telegram_bot.pyの`TelegramBot`クラスがTelegramとの通信を行うモジュールという扱いでした．しかし，alexa_bot.pyは，`flask_ask`の動作の関係で`AlexaBot`クラスになっていません．そのため，今回はalexa_bot.py

が実行体となり，その中でこれまで作った対話システムのインスタンスを呼び出す形式になっています．なので，実行するときは以下のコマンドでalexa_bot.pyを実行してください．

```
$ python3 alexa_bot.py
```

このプログラムは実行されると，まずAlexa Developer Consoleから呼び出されるのを待ちます．Alexa Developer Consoleからインテントの呼び出しがあると，それに対応した関数が呼び出されます．たとえば，起動時のlaunchインテントがAlexa Developer Consoleで呼ばれると，それに対応するプログラムの`launch()`メソッドが呼び出されます．そして，続けてユーザが発話すると，HelloIntentが呼び出され，対応するプログラムの`talk()`メソッドが呼び出されます．`talk()`メソッドが呼ばれた場合，ユーザの発話はスロットに入っていますので，それを引数として受け渡しています．これが31，32行目です．

Alexa Developer Consoleのスロットの説明で書いたユーザの発話全体が入ったスロットをマージする処理が13～20行目までに書かれています．ここでは，受け取ったスロットの3つのうちのどれかにユーザの発話全体が入っていると考えて，最も長い文が入っているスロットを利用するという処理をしています．ここでマージしたテキストを，対話システムに渡して，応答文を取得します．応答文をquestionというAmazon Alexaの応答用のフォーマットに入れてAlexa Developer Consoleに返します．ここでquestionを使う理由は，次のユーザの発話を待つことで，会話を継続するためです．Amazon Alexaには何種類かの応答タイプがあり，その1つにAlexaが情報を提供してスキルを終了するstatementがあります．これを利用した場合，Alexaが答えたあとにスキルが終了してしまい，ユーザが続けて話しかけても雑談ができません．そこで，questionという応答タイプを使い，ユーザの回答を待つことで，システムの応答に対するユーザの回答を取得し，さらにシステムが回答をする……という回答の無限ループを作っています．これにより，応答文がAlexaによって読み上げられた後も，ユーザの発話を待つ状態を維持し，Alexaが継続して対話をできるようにしています．

それでは，実際に対話ができるかAlexa Developer Consoleから対話テストをして見ましょう．図4.9の画面からテキストを打ち込むか，音声入力で対話を開始し

図 4.9 Alexa との対話テスト

ます.

まずは「(あなたが決めたスキル名) を起動」と呼びかけて，今作ったスキルを起動しましょう．そして，続けて好きなことを話しかけていきましょう．

もし，今回作ったスキルをスマホの Alexa アプリなどで動かしたい場合は，Alexa Developer Console 上部の「公開」をクリックし，必要事項を埋めていくとベータテストとして，実機テストを有効化することができます．ベータテスターとして Amazon のアカウントに使っているメールアドレスを入れれば，そのアドレスに作ったスキルをテストするための招待メールが送られます．それを Alexa アプリを入れたスマホで開けばスキルを試すことができます．

4.4 Google Homeへの実装

Google Home を通して自分の作った対話システムと会話するためには，Amazon Alexa と同様に，Google Home 用のアプリと呼ばれるサービスを作らなければなりません．ここからは，Dialogflow への登録し，アプリの作成をしていきましょう．

まずは以下のURLにアクセスし，DialogflowにGoogleのアカウントでログインします（図4.10）．

```
https://dialogflow.cloud.google.com/
```

そして，今回使うプロジェクトを作成していきます．図4.10のsign up for freeのボタンから新規プロジェクトを作成し，図4.11のように登録します．

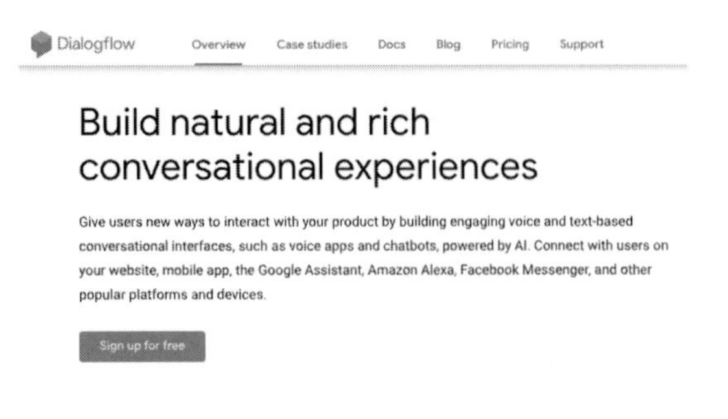

図4.10 Dialogflowの登録

図4.11 新規プロジェクトの登録

Amazon Alexaと同様に，Dialogflowにもインテントやスロットという概念があります．こちらも事前に用意された内容に従ってユーザの発話から情報を抜き出したり，ユーザの話した内容に応じてシステムが行う応答を変えることができます．Alexaと大きく異なる点は，Dialogflowではとても簡単にユーザの発話全体を取得できるという点です．たとえば，図4.12のように設定すると，ユーザの発話を簡単に取得できます．

@sys.anyというスロットは文字通りどんな内容でも入れることのできるスロッ

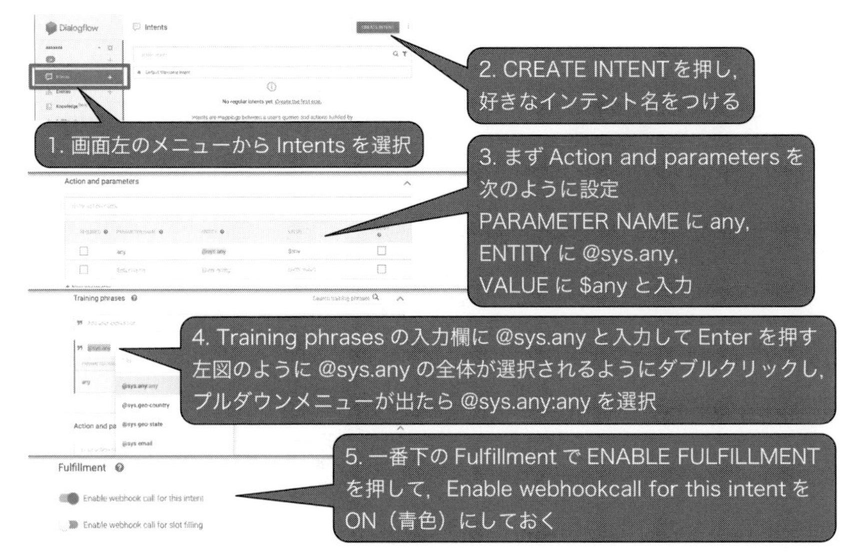
2. CREATE INTENTを押し，
好きなインテント名をつける
1. 画面左のメニューからIntentsを選択
3. まずAction and parametersを
次のように設定
PARAMETER NAMEにany,
ENTITYに@sys.any,
VALUEに$anyと入力
4. Training phrasesの入力欄に@sys.anyと入力してEnterを押す
左図のように@sys.anyの全体が選択されるようにダブルクリックし，
プルダウンメニューが出たら@sys.any:anyを選択
5. 一番下のFulfillmentでENABLE FULFILLMENT
を押して，Enable webhookcall for this intentを
ON（青色）にしておく
Dialogflow
Intents
Action and parameters
Training phrases
Fulfillment
Enable webhook call for this intent
Enable webhook call for slot filling

図 4.12 インテントの設定

トです．このスロットのみをインテントに登録することで，ユーザの発話全体を取得できます．もちろん，これ以外にも@sys.zip-codeや@sys.colorといったよく使われる内容が入るスロットも用意されており，「@sys.zip-codeは何県？」というような，スロットとテンプレートを使う事もできます．

発話を受け取るインテントの設定ができたので，次は不要なインテントを削除しましょう．画面左のメニューからIntentsを選び，Default Fallback Intentを選択したら，右上のSAVEの横の縦三点のアイコンをクリックし，Deleteを選択します．

次に，Default Welcome Intentを選択し，一番下のFulfillmentのEnable webhook call for this intentをONにして，インテントの設定はすべて完了です．

最後に，Fulfillmentのwebhookを登録します（図4.13）．このwebhookはAmazon Alexaで説明したエンドポイントと同様のもので，Dialogflowで動かしたアプリが情報を受け渡す先（つまり，本書で作った対話システム）になります．先ほど定義したインテントが実行され，スロットの中に発話が入ったら，その内容を対話システムに渡すためにこのwebhookを設定します．

今回もngrok経由でローカルのプログラムに接続したいので，先ほど起動したngrokのアドレスと必ず同じになるように入力してください．先ほど同様，ngrok

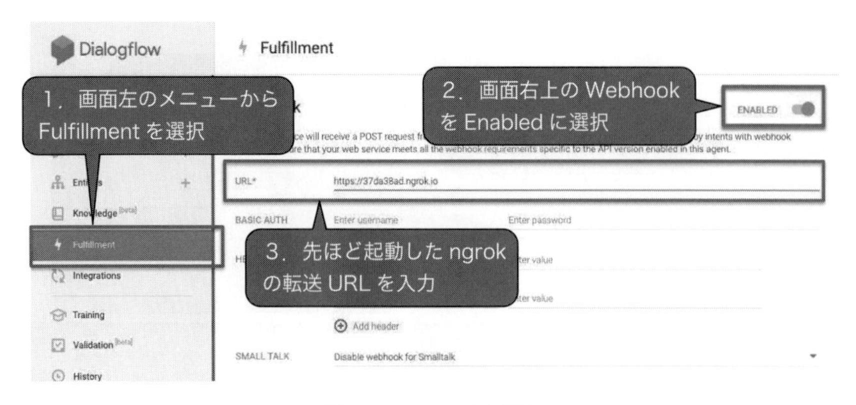

図 4.13 webhook の登録

は起動するたびにURLが変わりますので，おかしいな？　と思ったらngrokの再起動とwebhookのURLの更新をしたかを確認してみてください．

これでGoogle Homeはユーザに話しかけられたら，そのユーザの発話をDialogflowを経由して，あなたのPCに受け渡せるようになりました．

ここからは，受け取った情報を対話システムに渡して，応答を取得できるようにプログラムを改良していきます．Dialogflowからngrokを経由してエンドポイントに送られた情報を取得するためには，DialogflowからのHTTPリクエストを受け取れるようにしなければなりません．PythonにはHTTPリクエストに関する処理を行うライブラリがあるので，これを使ってDialogflowからのHTTPリクエストを処理できるようにプログラムを書いていきます．

プログラム 4.2 googlehome_bot.py

```
1  import json
2  from http.server import BaseHTTPRequestHandler, HTTPServer
3  import EbdmSystem
4
5  # 対話システムを起動
6  system = EbdmSystem.EbdmSystem()
7
8  # Dialogflowからの情報を受け取るサーバのクラス
9  class MyHandler(BaseHTTPRequestHandler):
10 # dialogflowから情報が送られてきた時にこのメソッドが呼び出される
11     def do_POST(self):
```

```
12        try:
13            # 送られてきた情報を取得
14            content_len=int(self.headers.get('content-length'))
15            requestBody = json.loads(self.rfile.read(content_len).decode
                  ('utf-8'))
16            # dialogflowから送られてきた情報から，ユーザの発話と対話のセッ
                  ションIDを抜き出す
17            input = {}
18            input['utt'] = requestBody['queryResult']['queryText']
19            input['sessionId'] = requestBody['session']
20
21            if requestBody['queryResult']['queryText'] == '
                  GOOGLE_ASSISTANT_WELCOME':
22                # welcome intentのときはinitial_messageを呼び出して最初
                      のメッセージを取得
23                output = system.initial_message(input)
24            else:
25                # それ以外のときはreplyを呼び出して応答を取得
26                output = system.reply(input)
27
28            # dialogflowに応答文を送り返す
29            response = { 'status' : 200,
30                         'fulfillmentText': output['utt']
31                       }
32            self.send_response(200)
33            self.send_header('Content-type', 'application/json')
34            self.end_headers()
35            responseBody = json.dumps(response)
36            self.wfile.write(responseBody.encode('utf-8'))
37
38        except Exception as e:
39            # エラーが発生したとき
40            response = { 'status' : 500,
41                         'msg' : 'An error occured' }
42            self.send_response(500)
43            self.send_header('Content-type', 'application/json')
44            self.end_headers()
45            responseBody = json.dumps(response)
46            self.wfile.write(responseBody.encode('utf-8'))
47
48
```

```
49  # サーバを起動するメソッド
50  def run(server_class=HTTPServer, handler_class=MyHandler, server_name='
        localhost', port=8080):
51      server = server_class((server_name, port), handler_class)
52      server.serve_forever()
53
54  if __name__ == '__main__':
55      run()
```

6行目が2, 3章で作った対話システムのクラスをインポートして，クラスをインスタンスとして呼び出しています．この部分を2章で作ったタスク対話システムに変えたり，3章で作った雑談対話システムに変えたりすることで，任意の対話システムとGoogle Homeをつなげることができます．今回も，Amazon Alexaのalexa_bot.pyと同様に，googlehome_bot.pyの中で対話システムをインスタンス化して利用している点に注意してください．実行するときは以下のコマンドでgooglehome_bot.pyを実行します．

```
$ python3 googlehome_bot.py
```

このプログラムは実行されると，HTTPサーバを起動し，Dialogflowから呼び出されるのを待ちます．Dialogflowからインテントの呼び出しがあると，インテントで取得したスロットの内容をdoPOSTに送ります．これが15行目です．

送られてきたリクエストの中からユーザ発話にあたる部分を取り出します．queryTextが「GOOGLE_ASSISTANT_WELCOME」の場合は，アプリが起動した時に呼び出されるインテントなので，`initial_message()`メソッドを呼び出します．それ以外の場合は，ユーザの発話が入っているので，`reply()`メソッドを呼び出します．Google Homeのアプリは，一度起動すれば終了するための発話を行うまで，アプリ内で処理を続けます．応答文を取得したら，それをそのままresponseとしてDialogflowに送り返すことで対話を行うことができます．

それでは，実際に対話ができるかDialogflowから対話テストをして見ましょう．図4.14の画面からテキストを打ち込むか，音声入力で対話を開始します．

もし，今回作ったアプリをスマホのGoogle Assistantアプリで使いたい場合は，左側のメニューの「Integrations」，「INTEGRATION SETTINGS」，「MANAGE

図 4.14　Google Home との対話テスト

ASSISTANT APP」と選択していき，Display name にアプリ名を設定し，save します．あとは Dialogflow に登録した Google アカウントでログインした Google Assistant アプリ上で「(アプリ名) につないで」と言えば実行できます．

4.5　タスク指向型・非タスク指向型システムの統合

これまで作成してきた対話システムは天気情報案内か雑談か，どちらか1つしかできませんでした．しかし，この2つのシステムをうまく組み合わせることができれば，両方の対話ができる対話システムを作ることもできます．本章の最後に，両方の対話システムを同時に動かす改良をしてみましょう．

2つの対話システムを統合する方法はいくつかありますが，対話システムの統合は未だ研究中の技術です．今回は最も簡単な方法を2つ紹介します（図4.15）．1つめは，発話で呼び出す対話システムをスイッチするキーワード方式．2つめは，基本的にはタスク対話を行い，タスク対話で対応できない場合は雑談にスイッチする階層方式です．

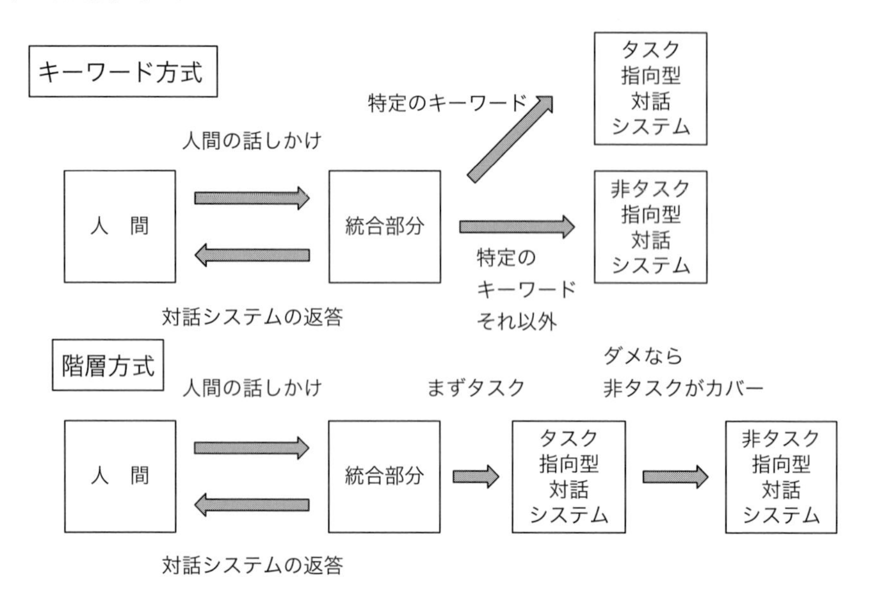

図 4.15 対話システムの統合のイメージ

まずは，1つめの発話で呼び出す対話システムをスイッチするキーワード方式で，対話システムを統合してみます．この方式では，任意のキーワードが出たら，タスク対話システムが応答を行い，特にタスクに関係するキーワードがない場合は雑談対話システムが応答を行います．イメージとしては，普段はAmazon Alexaが話してくれていて，特定のキーワード（「ピカチュウと話したい」など）をいうと特定のスキルにつながるような感じです．統合した対話システムのプログラムを以下に示します．

プログラム 4.3 integration_system1.py

```
1  from telegram_bot import TelegramBot
2  import weather_system
```

```
3  import ebdm_system
4
5  class IntegrationSystem1:
6      def __init__(self):
7          # 二つのシステムを初期化する
8          self.system1 = weather_system.WeatherSystem()
9          self.system2 = ebdm_system.EbdmSystem()
10
11     def initial_message(self, input):
12         # システムを全て初期化する
13         output = self.system1.initial_message(input)
14         self.system2.initial_message(input)
15         return output
16
17     def reply(self, input):
18         # 特定のキーワードが入っていたらsystem1を，それ以外の場合はsystem2
               を呼びだす
19         if '天気' in input['utt']:
20             output = self.system1.reply(input)
21             if output['end']:
22                 # もし天気予報が完了していたら，再度初期化する
23                 self.system1.initial_message(input)
24         else:
25             output = self.system2.reply(input)
26         return output
27
28 if __name__ == '__main__':
29     system = IntegrationSystem1()
30     bot = TelegramBot(system)
31     bot.run()
```

この方式では，17行目のreply関数の中で，特定のキーワード（ここでは天気）が入っていれば，タスク対話（ここでは天気予報）にスイッチし，それ以外の場合は雑談対話を行います．この方式なら，タスク対話に関係する単語（たとえば，天気予報なら天気，気温，降水確率など）を事前に列挙しておくだけで，簡単に2つの対話システムをスイッチすることができます．しかし，この方式では，たとえばタスクの内容に関係する雑談をすることはできません．今回の場合だと，「今日は天気がいいね」とか「今日は気温が高いね」などと雑談のつもりで話しかけ

ると，タスク対話に飛んでしまい，「どこの天気が知りたいのか教えてください」のような応答をされてしまいます．

2つめの階層方式は，基本はタスク対話を行い，タスク対話で対応できない場合は雑談を行う方法です．多くの対話システムがこのような統合をしており，実用的な方式です．この方式では，まずはタスク対話に発話を送ります．タスク対話が進行しそうなら，そのままタスク対話として応答を行い，タスク対話がうまく進まないようなら，雑談対話を行うことで，お茶を濁します．このようにすることで，キーワードを指定する方法と違い，タスクに関係するキーワードを含む雑談もできるようになります．

プログラム 4.4 integration_system2.py

```
1  from telegram_bot import TelegramBot
2  import weather_system
3  import ebdm_system
4
5  class IntegrationSystem2:
6      def __init__(self):
7          # 二つのシステムを初期化する
8          self.system1 = weather_system.WeatherSystem()
9          self.system2 = ebdm_system.EbdmSystem()
10         self.sessiondic = {}
11
12     def initial_message(self, input):
13         sessionId = input['sessionId']
14         # システムを全て初期化する
15         output = self.system1.initial_message(input)
16         self.system2.initial_message(input)
17         self.sessiondic[sessionId] = output['utt']
18         return output
19
20     def reply(self, input):
21         sessionId = input['sessionId']
22         # まずはタスク対話の結果を取得する
23         output = self.system1.reply(input)
24
25         print(self.sessiondic[sessionId])
26         print(output)
27         # タスク対話が進みそう(前の発話と違う内容に)でなければ，雑談対話を行う
```

```
28          if output['utt'] == self.sessiondic[sessionId]:
29              output = self.system2.reply(input)
30          else:
31              # タスク対話が進んだ場合は,その発話を覚えておく
32              self.sessiondic[sessionId] = output['utt']
33              # タスク対話が終了していたら,再度初期化する
34              if output['end']:
35                  self.system1.initial_message(input)
36
37          return output
38
39  if __name__ == '__main__':
40      system = IntegrationSystem2()
41      bot = TelegramBot(system)
42      bot.run()
```

この方式では2個以上のタスク対話を統合する場合でも，同じように処理することで統合することができます．たとえば，まずは天気予報タスク（system1）を行い，適切な応答が見つからなかった場合は，レストラン予約タスク（system2）を行い，航空券予約タスク（system3）を行い，といったように複数のタスク対話を進めていき，最終的にタスクが進む応答が見つかればそのまま応答を，見つからなければ雑談（system4）を行うようにします．

これらの統合した対話システムを使うときは，これまでの対話システムと同じように integration_system1.py や integration_system2.py を実行します．すると，Telegram 上で統合した対話システムと話すことができます．

統合した対話システムにおいても，`initial_message` 関数や `reply` 関数の使い方はこれまでの対話システムと同じなので，簡単に置き換えることができます．

今回は，1つめの手法ではキーワードでスイッチを行いましたが，2章で行ったような発話の識別器を作ることでより性能を高くすることもできます．システム統合は，タスク対話システムを運用する上で重要な技術なので，ぜひ色々な統合を試してみてください．

Coffee break

対話システムとプライバシー

対話システムと倫理は隣り合わせです．

特に，Amazon Alexa や Google Home のような家庭用 AI スピーカは，その立場上，家で行われるすべての会話を聞けてしまうため，便利さとプライバシーの両立ができるよう配慮しなければなりません．今の AI スピーカは呼びかけ（“Alexa” や “OK, Google” など）をしなければ会話は始まりませんが，より便利さを追求するなら，ユーザのひとりごとを聞き取って，勝手に対話を始めるような仕組みも考えられます．たとえば，「あ，トイレットペーパーがなくなりそう！」とユーザが言ったときに「いつも購入しているトイレットペーパーをオンラインで注文しましょうか？」と AI スピーカが手助けしてくれれば，それは便利でしょう．しかし，これはユーザのひとりごとをシステムがすべて聞いているということにもなります．もし，あなたが宝くじに当たったことを AI スピーカが聞いていて，それを誰かに伝えてしまったらどうなってしまうでしょうか．クレジットカードの番号は？　口座の暗証番号は？　盗み聞きされて困る話を AI スピーカの近くでしてしまったことはありませんか？

また，怖いのは盗み聞きだけではありません．システムがユーザと対話する際に，ユーザに名前を教えてくださいとか，誕生日はいつですかとか聞いたりすることは一見ごく自然です．しかし，ペットは飼ったことありますか？　ペットの名前は？　親の旧姓は？　あなたが通った小学校の名前は？　好きな食べ物は？　などなど……と聞いてきたときは，注意が必要です．心ない人によって作られた対話システムが，あなたの個人情報を聞き出して，パソコンの管理者権限を盗んだり，勝手に Amazon やパソコンのアカウントを不正利用して，あなたのクレジットカードで買い物をしたりしようとしているかも？

第5章 発展的な話題

本書は対話システムの実践的な書籍を目指して執筆したものです．すぐに着手して自分の作りたいシステムを作れることを目指しました．よって，動作が保証されている比較的確立された技術をベースに説明しています．一方で，対話システム研究は日々進歩を続けています．ここでは，本書で触れられなかったその他の話題やこれから重要になるであろう対話システムにおける研究分野について紹介したいと思います．

5.1 マルチモーダル処理

マルチモーダル処理の重要性は日々増していると言えるでしょう．これは人間同士の対話を考えると一目瞭然です．テキストだけの対話よりも音声対話，音声対話よりもマルチモーダル対話の方がより多くのことが伝わります．多くの会社ではテレワークが推奨されていますが，それでも，顔を合わせた会議も開かれます．これはメールだけのやり取りや電話会議だけでは伝わらないものがあるからです．

しかし，人間が自然に行っているマルチモーダルの処理をコンピュータで実施するには多くの困難が伴います．カメラやMicrosoft社のKinectなどのデバイスを用いる必要がありますし，これらの情報とテキストと音声の情報を統合して理解する必要があります．システム実装も大変ですが，システムを構築するための基礎データの収集も大変な作業です．人間同士の対話を複数のカメラやKinectを使って撮影し，映像のフレームごとに話者がどういう状態かをラベリングしていくといった作業が必要になります．音声対話の場合は発話の書き起こしのみでよかったのですが，マルチモーダル処理の場合はそうはいきません．

ただ，マルチモーダルシステムの構築を簡単に行えるようにするためのオープンソースのツールも少しずつですが登場してきています．顔の情報を取得するOpenFace，音声のさまざまな情報を取得するOpenSMILE，身体のポーズを獲得できるOpenPose，マルチモーダル情報を抽出するツールとして，Microsoft社のPSIなどがあります．これらを組み合わせることで状況やユーザの感情に応じた応答をする対話システムなどを作ることができるようになるでしょう．図5.1はマルチモーダル情報を扱うツールのスクリーンショットです．顔の向きだけではなく身体の情報や感情といったさまざまな情報が取得できていることがわかると思います．

(a) OpenPose

(c) PSI

(b) OpenFace

図5.1　マルチモーダル情報を扱うツール

(a) https://github.com/CMU-Perceptual-Computing-Lab/openpose

(b) https://github.com/TadasBaltrusaitis/OpenFace

(c) https://github.com/microsoft/psi

5.2 ロボット

ロボット（図5.2）はマルチモーダル処理よりもさらにシステム構築の難易度が

図 5.2 さまざまな対話ロボット

（提供）(a) (b) ヴイストン株式会社
(c) 大阪大学石黒研究室
(d) 早稲田大学知覚情報システム研究室（小林哲則研究室）

上がります．なぜなら，システムの各部位をアクチュエータを用いて実際に動かさなければならないからです．そのためには多くのモータを動かさねばならず，しかもそれを遅延なく行う必要があります．動作が遅いとユーザはすぐに「壊れたのでは？」と思ってしまいます．

画面上のエージェントであればこういった苦労はしなくても済むのですが，物理的動作を行うということはかなり難しいものです．またロボット自体も高価であり，おいそれと買うわけにもいきません．人間にそっくりなロボットだと数千万円くらいします．少し小さなロボットであっても，数十万～百万円程度はします．自分の対話システムをロボットに載せて動かしたいということは対話研究者であれば誰しもが行いたいと思っていることではありますが，それほど簡単ではないことを理解しておく必要があります．

しかし，物理的な存在であるロボットは対話システムにとって多くのメリットがあるのも事実です．まず，実際に存在しているわけですから存在感があります．それだけで発話に力が伴います．ロボットの姿形を踏まえて人間は何かしら理解しているようで，解釈しづらい発話であっても何らかの意味を感じることもあります．加えて，ロボットは実世界の存在です．対話システム（もしくは人工知能）における基本問題として，本書の冒頭でシンボルグラウンディングに触れました．これは言葉と外界の対応付けが難しいという問題でしたが，ロボットの場合は実際に外界にいますので，何かに触れながら話したりすることができます．言葉と実世界のインタフェースとなることが可能です．ロボットにおいて対話システムを研究していくことで，ほかでは実現できなかった豊かなコミュニケーションが実現できる可能性があります．

ロボットは必ずしもSFに出てくるもののように賢く合理的である必要はありません．「**弱いロボット**」というテーマの研究があります．ロボットを弱いものとして設計し，人間からの働きかけを促すことで，結果としてコミュニケーションが実現されるというパターンがあります．豊橋技術科学大学の岡田美智男先生の研究室では弱いロボットをテーマにさまざまなロボットが作られています．ゴミ箱の形をしたロボットはごみを拾うことはできませんが，ごみの近くにいって人間のことを見つめます．そうすることで，人間にごみを拾ってもらうのです．このようにインタラクションを一方向のものと捉えるのではなく双方向と捉えることも，今後の人間とシステムのインタラクションを考えていく上で重要な考え方でしょう．

5.3　対話システムの今後の展開

現在の対話システムは多くのことができるようになってきています．筆者も自動車の中でAlexaに音楽をかけてもらったりしています．しかし，多くの場合，利用されている機能はアラームであったり，天気情報案内であったり，楽曲検索といった一問一答で対話が完了するものです．それ以上の長い複雑なやり取り，たとえば，複雑な経路のフライトを予約したり，多くの選択肢の中からレストランを検索して予約したり，旅行のプランを決めたりといったことは，現状の対話システムにはまだ荷が重い課題です．これらは現在のところWebフォームを用いて行ったり，業者に電話をかけて行ったほうがよっぽど効率的でしょう．

これらの複雑なやり取りがなぜ難しいかというと，お互いの理解を確認しながら対話を進めていく必要があり，現在の技術ではそれが困難であるからです．こういうお互いの理解を積み上げていくことを**共通基盤の構築**と言います．共通基盤の構築ができるようになって初めて，より長い複雑なやり取りができるようになるでしょう．共通基盤は対話理論の基礎的研究ではよく取り上げられるのですが，その工学的な実現はいまだ達成されていません．心が通い合う対話システムを作ろうと考えたら，共通基盤の実現は避けられない課題でしょう．

図5.3は対話システムの進化について示した図です．タスク指向型対話システムは，音声コマンド，スロットフィリング（フレームに基づくタスク指向型対話システム），定型タスク，非定型タスクの順で進化していくと考えられます．

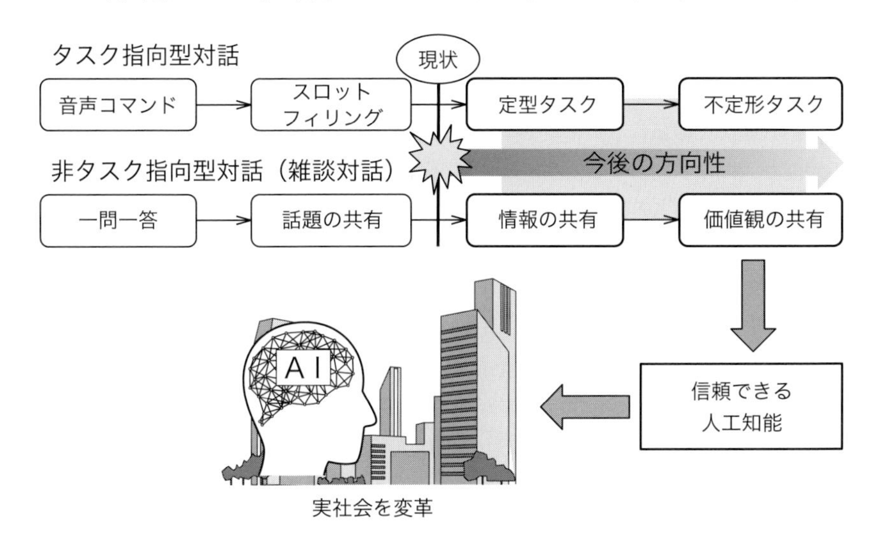

図 5.3　対話システムの進化

定型タスクというのは，対話の目的は決まっていますが，やり取りの仕方が自明でないような対話を指します．たとえば，窓口業務がそれにあたります．非定型タスクとは，問題自体を対話によって決定していくようなタスク，たとえば，政策立案のようなタスクのことです．非タスク指向型対話は，定型応答，話題の共有，情報の共有，価値観の共有という順で進化していくと思われます．

これらの進化の先には，人間と同じ価値観に基づいて問題解決について話し合うことができる対話システムが誕生するかもしれません．そのようなシステムがいつ実現するかわかりませんが，対話システムと人間のインタラクションを積み重ねていくことで，その実現に近づいていくのではないかと思います．

Coffee break

人狼知能

チェス，将棋，囲碁，ポーカー，麻雀など，さまざまなゲームで人工知能は人間を圧倒するようになりました．そんな中，人工知能が挑むべきゲームとしてパーティゲームである人狼が注目されています．人狼をご存じない方のために説明しておくと，「とある村に人に化けられる人狼が入り込み，夜になると正体を表して村人を一人ずつ襲っていく．村人たちは話し合いを行い，人狼と思しき村人を追放していくことにした……」というのが人狼のストーリーです．プレイヤーは村人側と人狼側に分かれ，村人側は人狼を全員追放することが，人狼側は最後まで追放されないことが目的となります．村人側は話し合いの中で誰が人狼であるかを見破ることを，逆に人狼側は見破られないようにすることが勝利のためには必要です．これまで人工知能が人間に勝利してきたゲームは駒を動かす，カードや牌を切るなど，プレイヤーが1回に取ることができる行動の選択肢がある程度限定されていました．しかし，人狼では1回の行動に相当するのは話し合いの中の1回1回の発言です．しかも，人狼では禁止されている発言内容は特にないため，行動の選択肢はほぼ無限と言えます．このように，人狼はこれまで人工知能が対象としてきたゲームと比べて飛び抜けて難しいわけですが，人狼をプレイする人工知能，名付けて人狼知能を実現することを目指したプロジェクトが現在進められています．人狼知能プロジェクトのウェブページ（http://aiwolf.org）では人狼知能を作成するための資料やツールキットも公開されています．また年に1度，人狼知能の性能を競う人狼知能大会も開催されています．人狼知能は言い換えれば人狼をプレイする対話システムのことですから，本書を読んで興味を持った読者の方は，人狼知能の構築にもチャレンジしてみてはいかがでしょうか．

付録 クラウドソーシングを用いたデータ収集

特定の分野に特化した対話システムを作ろうとした場合，そのための対話データを集めたいということがあるかもしれません．また，作成した対話システムを一般の人に使ってもらって評価したいということも考えられます．しかし，実際に人を集めてそういったことを行うのは非常に手間と時間がかかります．そこで，対話システムの研究者の間では，インターネット経由で仕事を依頼するクラウドソーシングを用いてデータ収集や評価を行うことが一般的になってきています．

ここでは，実際に対話データを収集した事例を通じて，クラウドソーシングの方法を学んでいきましょう．なお3章で使用したdialogue_pairs.txtは本付録の方法で収集した対話データから作成したものです．dialogue_pairs.txtは応答ペアの形式となっていますが，対話の最初から最後までを収録したデータも本書のサポートページで公開しています．

A.1 クラウドソーシングサイト

クラウドソーシングにより仕事を依頼・受諾ができるクラウドソーシングサイトは国内だけでも50以上ありますが，基本的には会員数の多いものを選ぶのが良いと思います．会員数が多ければ，それだけ多くの人が仕事を引き受けてくれる可能性がありますので，短期間で多くのデータを集められます．2020年現在，国内で会員数の多いサイトはクラウドワークス[1]とランサーズ[2]です．どちらでも好きなほうを使えばよいと思いますが，筆者の周りではクラウドワークスを利用している場合が多いです．そこで今回はクラウドワークスを使用していきます．

[1] https://crowdworks.jp
[2] https://www.lancers.jp/

A.2 対話データの収集

今回は，クラウドソーシングを用いてワーカ（クラウドソーシングで仕事を受注する人のことを言います）同士でテキスト対話をしてもらい，そのデータを収集していきます．クラウドソーシングでワーカ間の対話データを収集するに当たり，以下のことを決める必要があります．

- どのアプリケーションを用いて対話を行うか
- どのようにワーカ同士のマッチングを行うか
- 対話の形式・内容はどのようなものにするか
- 報酬額とデータ数

まず，どのアプリケーションを用いて対話を行うかですが，匿名かつリアルタイムで対話ができることが望ましく，かつOSに依存しない環境が望ましいでしょう．そこで，今回はブラウザ上で動作するSkypeを使用することにしました．ワーカにはSkypeのアカウントを新たに取得してもらうことにし，登録の際に個人情報を入れないようにしてもらうことで，匿名性も担保します．

次に，どのような手順でワーカ同士をマッチングするかですが，クラウドワークスやランサーズにはワーカ同士をマッチングする機能はありません．そこで今回は，Google Driveのスプレッドシートを用いることにします．Google Driveで誰でも編集可能なスプレッドシートを用意し，ワーカはそこにSkypeのIDと都合のよい時間を書くことで，対話相手を見つけることができます．

どのような形式・内容の対話を行うかについても決める必要があります．今回は雑談対話のデータを収集しますが，雑談と一口に言ってもさまざまな形が考えられますので，集めたいデータに応じて，できるだけ具体的な状況や対話のルールを設定するのが良いでしょう．今回は対話の状況・ルールとして以下の6つをワーカに示しました．

- 話の中で，相手と自分の間で共通して興味のあることを見つけ，それについて話を膨らませていきましょう．

- たまたま待合室や飛行機などで隣り合った見知らぬ人と話すイメージで対話しましょう．
- 1回の送信で長文を送ることは避けてください．長くとも50文字程度に収まるようにしましょう．
- 相手からのメッセージを受信後，30秒以内に返答することを心がけましょう．
- 基本的に1回メッセージを相手に送信したら，相手からメッセージが送られてくるまで次のメッセージの送信は控えましょう．
- 禁止とまでは言いませんが，クラウドソーシングやクラウドワークスに関する話題はできるだけしないようにお願いします．

最後に，ワーカに支払う報酬額と収集するデータ数を決める必要があります．報酬額については1回のタスク（今回の場合は1対話）にかかる時間を大まかに計算し，時給換算でどれくらいになるかを目安に考えるとよいでしょう．報酬額が高ければ高いほど，より多くのワーカが集まる傾向があります．逆に報酬額が安すぎる場合，全くワーカが集まらないということもあります．ですので，より早くデータ収集を完了させたい場合は報酬を高くするのがよいでしょう．データ数については，多ければ多いほどいいかもしれませんが，そこは予算との相談となると思います．

今回は，2名のワーカがそれぞれ最低10発話ずつ，合計で20発話以上となるよう対話してもらうことにしました．1発話30秒くらいかかるとすると，1回の対話の所要時間は約10分です．厚生労働省によると，本書執筆時の全国平均の最低賃金は901円です．そこで今回は1対話あたりの報酬は200円としました．10分で対話が終われば時給は1000円という計算になります．依頼する側から考えると，1対話につき2名のワーカに報酬を支払う必要がありますので，1対話の収集に400円ずつかかることになります．

A.3　ワーカ用マニュアルの作成

データの収集方針が決まったら，どのような手順で対話を行い，対話ログを提出するか，および前節で示した対話の状況・ルールを説明するためのワーカ用のマニュアルを作成しましょう．手順については，実際の手順を画面のスクリーンショットを交えてていねいに説明するのがよいでしょう．今回使用したマニュアルは以下の通りです．

チャットデータ収集マニュアル

作業の概要

初対面の作業者間で1対1のテキストチャットをしていただき，その対話ログを提出していただきます．双方の作業者が10回ずつ以上，合計20回以上のメッセージを送信したら対話は終了となります．対話の際には，話の中で相手と自分の間で共通して興味のあることを見つけ，それについて話を膨らませていくことを心がけてください．

なお，一人の作業者の方が複数回作業を行うことが可能ですが，過去に一度でも会話したことのある相手，初対面ではない相手とのチャットを行うことはできません（非承認となります）．

A. 作業手順

1. 対話はSkypeを使用して行います．そのため，以下のページからSkypeのアカウントを取得（サインアップ）してください．ページの右上の「サインイン」をクリックし，「Skypeをはじめてお使いになる方へサインアップ」からサインアップできます．`https://www.skype.com/ja/`

2. アカウント取得の際の姓・名欄の「姓」には「cw」，「名」には本名以外の名前，たとえばクラウドワークスにおけるワーカ名を入力してください（個人情報の保護のため，ここには本名は入力しないでください．もしワーカ名に本名が含まれている場合，別の名前を入力してください）．すでにSkypeのアカウントを持っている場合も必ず新たに取得してください．

3. Skypeアカウントが取得できたら，Skypeのページの右上の「サインイン」をクリックし，「オンラインでSkypeを使う」からサインインしてください．

4. 左上の「・・・」から設定を開き，自分のSkype名をコピーしてください．

5. 取得した自分のSkype名と自分がチャット可能な日・時間帯を以下のURLのGoogleスプレッドシートに追記してください．`https://***`

図 A.1　skype の画面

図 A.2　skype 名

6. スプレッドシートに書かれている，あなたが対話を行いたい作業者のSkype名をSkype画面右上の検索窓（ユーザー，グループ&メッセージと書かれている欄）で検索し，該当ユーザを選択してください．次に，一番下のメッセージの入力欄からメッセージを送信してください．その際，「チャットデータ収集の件です．よろしくお願いします.」と書いておけばスムーズでしょう．もしくは，スプレッドシートを見た他の作業者から連絡が来るのを待つのもOKです．

7. お互いに今から対話可能であることを確認してください．対話可能であることを確認後，どちらかの作業者の方が「#対話開始#」というメッセージ

図 A.3 Google スプレッドシートの例

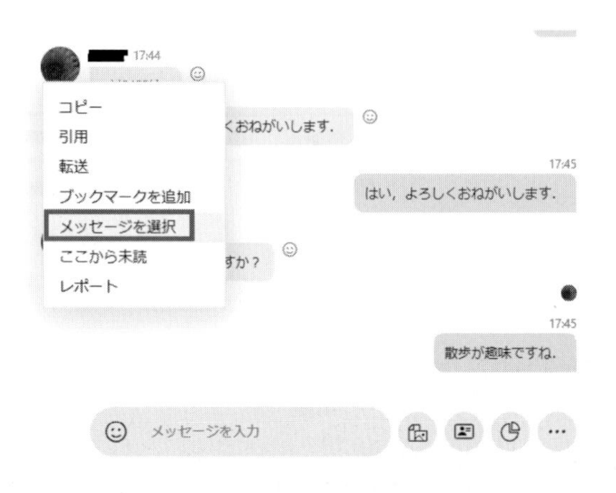

図 A.4 メッセージを選択

を送信し，続けて同じ作業者が最初のメッセージを送信し，チャットを開始してください．このメッセージが1メッセージ目となります．以降は交互にメッセージを送信することで対話を行い，それぞれ10メッセージ以上を送信した時点で対話を終了してください．対話のルールは後述します．

8. 対話の終了後，Skype上でメッセージログ（画面上の吹き出しの内側）を右クリックし，「メッセージを選択」をクリックしてください．

9. メッセージログの右側に○が出てきますので，「#対話開始#」から対話終了までのメッセージをすべて選択し，下部のコピーをクリックして下さい．

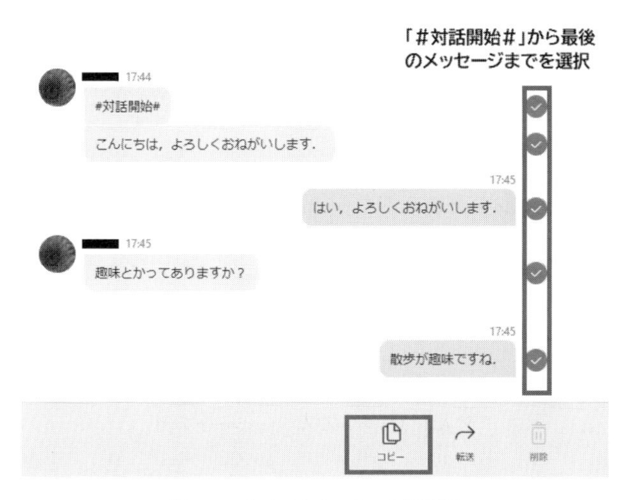

図 A.5 すべてのメッセージを選択

10. 「提出用（リネームしてください).txt」をメモ帳などのエディタで開き，中にコピーした内容をペーストしてください．内容を確認し，先ほど行った対話のログが最初から最後まで含まれていることを確認してください．なお，正しくペーストを行うと，対話ログは以下のような形式となります．

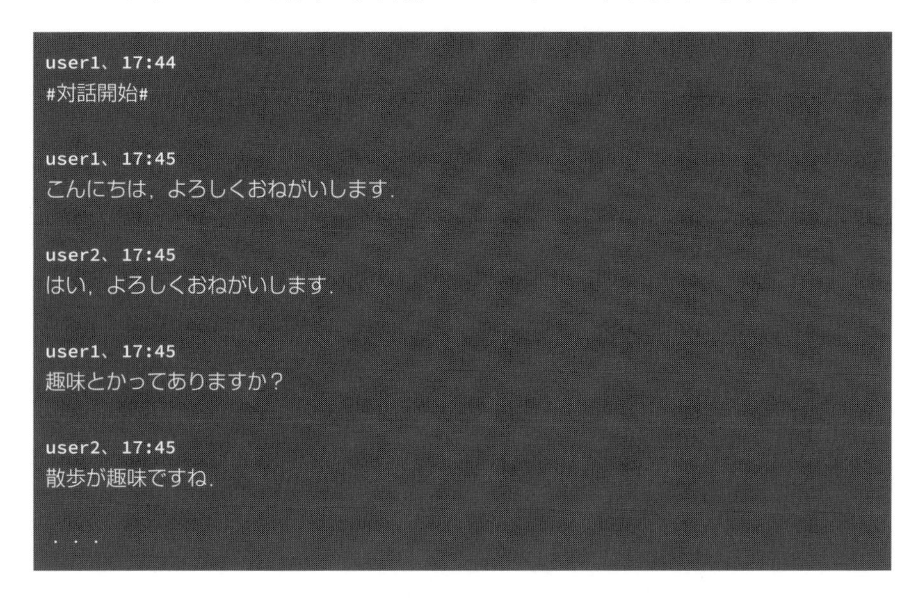

```
user1、17:44
#対話開始#

user1、17:45
こんにちは，よろしくおねがいします．

user2、17:45
はい，よろしくおねがいします．

user1、17:45
趣味とかってありますか？

user2、17:45
散歩が趣味ですね．

. . .
```

11. ファイル名を「(ペーストしたログの最初のメッセージの話者名) & (アンド) (もう一方の話者名).txt」とし，保存してください．話者名は各メッセージの上の行に表示されているものです．上のログの例では「user1&user2.txt」となります．

12. 保存したファイルをクラウドワークス上でアップロードしてください．

13. 最後に，これ以上作業を行わない場合，Google スプレッドシートから自分の Skype 名を削除してください．

B. 対話のルール

対話を行う際は，以下の指針に従ってください．

1. 話の中で，相手と自分の間で共通して興味のあることを見つけ，それについて話を膨らませていきましょう．

2. たまたま待合室や飛行機などで隣り合った見知らぬ人と話すイメージで対話しましょう．

3. 1 回の送信で長文を送ることは避けてください．長くとも 50 文字程度に収まるようにしましょう．

4. 相手からのメッセージを受信後，30 秒以内に返答することを心がけましょう．

5. 基本的に 1 回メッセージを相手に送信したら，相手からメッセージが送られてくるまで次のメッセージの送信は控えましょう．なお，誤って文章の途中で送信してしまった場合などは，そのメッセージを右クリックし，メニューから「メッセージを編集」を選ぶとメッセージを修正できます．誤って 2 メッセージを連続して送ってしまった場合も，誤ったメッセージを削除し，必要であれば 1 メッセージ目を編集してください．

6. 禁止とまでは言いませんが，クラウドソーシングやクラウドワークスに関する話題はできるだけしないようにお願いします．

C. 禁止事項

以下は禁止とします．禁止事項が守られない場合には，非承認となる場合があります．

1. 顔文字，絵文字，スタンプの使用
2. 句読点，「！」，「？」以外の記号の使用（「w」や「(笑)」，「( )」の使用も禁止ですので注意してください）
3. メッセージ内での改行
4. 方言の使用
5. 初対面以外の相手とのチャット
6. 対話途中での長時間の離席
7. 誹謗中傷
8. 本名，住所，電話番号などの個人情報をメッセージに含めること
9. 同時並行で2人以上と対話を行うこと（対話中に他の作業者からメッセージが送信されてきた場合，すぐには返答せず，対話終了後に返答するようにしてください）

A.4 クラウドワークス上での仕事依頼の作成

次は，クラウドワークスで仕事の依頼をしていきます．クラウドワークスのアカウントを作成した後，トップページ上部の「新しい仕事を依頼」をクリックします．

最初に，仕事のカテゴリを選択する必要があります．対話データの収集の場合は「カンタン作業・事務」の「その他(カンタン作業)」が，システムを評価したい場合は「質問・アンケート」を選んでおくとよいでしょう．今回は対話データ収集なので「その他（カンタン作業）」を選んでおきます（図A.6）．

次に，依頼の形式を決める必要があります．今回のようにカテゴリで「カンタ

図 A.6　クラウドワークス上での仕事依頼

ン作業・事務」を選んだ場合，プロジェクト方式かタスク形式のどちらかを選ぶことになります．対話データの収集や対話システムの評価には，不特定多数のワーカに仕事が依頼できるタスク形式が適しています．ちなみに，プロジェクト形式は1〜数名程度のワーカに数週間以上かかる長期の仕事，たとえばアプリの開発やWebページの作成を依頼するための形式です．その他，カテゴリによってはコンペ形式が選択可能な場合があります．コンペ形式はイラストやロゴなどのデザインを依頼するための形式です．もし，Telegramやその他のプラットフォーム上で，プロフィール画像に使うための対話システムのキャラクターデザインを作成してもらいたいような場合は，こちらを利用することができます．

その下では，仕事の内容を入力します．「依頼タイトル」については，わかりやすいものであればよいでしょう．なお，今回の募集のタイトルは「雑談テキストチャットデータ収集」としました．「依頼詳細」については，マニュアルで詳しく仕事の内容を説明する場合，仕事の概要と報酬を書いておけばよいでしょう(図A.7)．ここでは文字の大きさ・太さの変更と文字色の変更（赤・黒）をすることができるので，それらも上手に使って書くことをおすすめします．

「添付ファイル」では，作成したマニュアルを添付しておきましょう．

「作業内容」では，ワーカが仕事を報告する際に入力するフォームを作成するこ

図 A.7　クラウドワークス上での依頼詳細の例

とができます（図 A.8）．対話データ収集の場合，対話ログを提出してもらう必要があるので，「ファイル添付」をクリックし，対話ログファイルをアップロードするためのフォームを作成しましょう．対話システムを評価する場合は，ここにアンケートのためのフォームを作ることもできます．また，ワーカへの確認事項やデータの取り扱い方法について作業内容に書くこともできます．特に，データを公開する場合や著作権に関する懸念がある場合，それらについてワーカから同意を取ることも重要です．今回は，対話ログファイルのアップロード用のものを含め，合計 5 個の項目を作成しています．

その下では，作業単価と件数，1 人あたりの作業件数，応募期限を指定します．1 人あたりの作業件数の制限をかけないこともできますが，対話データの場合さまざまな人の対話を収集したいと思いますので，制限をかけておいたほうがよいと思います．

最後に，ワーカの制限や有料のオプションを指定します．今回は，ワーカの制限としては無料の「作業承認率 95%以上のクラウドワーカーのみが作業できるようにします」のみを ON にしました．ON にすることで質の高いワーカが集まる一

作業内容の詳細（プレビュー）

1. 対話のルールに関する確認事項　必須
マニュアルを熟読し，ルールに従って対話を行いましたか？
□ はい

2. 個人情報に関する確認事項　必須
□ 今回提出する対話ログには，私および第三者の個人情報が含まれていないことを確認しました．

3. 著作権に関する同意事項　必須
□ 私は，今回提出する対話ログについて，著作権を放棄することに同意します．

4. データの取り扱いに関する同意事項　必須
収集したデータはWeb上に公開され，誰でもダウンロードできる形となります．
□ データの取り扱いについて同意する．

5. 対話ログファイル　必須
マニュアルに書かれた方法で対話ログファイルを作成し，添付してください．
ファイルを選択　選択されていません
100MB以下

図 A.8　クラウドワークス上での作業内容の例

方，ワーカの絶対数が減るというトレードオフがありますので，状況に合わせて選ぶのがよいと思います．有料のオプションについては，予算と必要に応じて必要なものを設定しましょう．

以上で仕事内容の作成は完了です．最後に支払いを行えばクラウドワークス上で仕事の募集が始まります．支払いは前払いで，クレジットカードやPayPal，銀行振込などから選ぶことができます．支払いが完了したら，後はデータが集まるのを待ちましょう．

A.5　クラウドワークス上での作業の承認

ワーカが作業を行ったあとは，クラウドワークス上で作業の承認を行う必要があります．作業が承認されてはじめてワーカは報酬を受け取ることができます．一方，対話のルールを守っていないなど，不適切なデータを提出したワーカの作業を非承認とし，報酬を支払わないことも可能です．

今回の対話データ収集では，厳密に対話のルールを守っているかをチェックするのはかなり手間がかかりますので，アップロードされた対話ログが読み込めないといった明らかに不適切な場合を除き，基本的に作業はすべて承認としました．

ワーカ間で行う対話はなかなかズルをすることは難しいですが，アンケートの場合，適当に回答するワーカがいないとは限りません．その場合，答えがあらかじめわかっているような設問や，きちんと設問の文章を読まないと正しく回答できないような設問（チェック設問と呼ばれます）をアンケートに入れておき，不適切な回答を行ったワーカを非承認にするといったことが有効です．

索　引

●ア行

●カ行

●サ行

●タ行

〈著者略歴〉

東 中 竜 一 郎 （ひがしなか・りゅういちろう）

大阪府生まれ．1999 年慶應義塾大学環境情報学部卒業．
2001 年慶應義塾大学大学院政策・メディア研究科修士課程修了．
2008 年慶應義塾大学大学院政策・メディア研究科博士課程修了．
博士（学術）．2001 年日本電信電話株式会社入社．
現在，NTT コミュニケーション科学基礎研究所・NTT メディアインテリジェンス研究所上席特別研究員．
入社以来，対話システムの研究に従事．
初めて作った対話システムは，会議室予約を行うタスク指向型対話システム．そのときの言語は LISP.
NTT ドコモのしゃべってコンシェルや雑談対話 API，マツコロイドの雑談機能などに携わる．
対話破綻検出チャレンジや対話システムライブコンペティションを主導．
外国語の勉強が好き．最近はまっていることはアニメ鑑賞．好きなエディタは Emacs.
対話システムを作ることでなぜ人間が対話できるのかを明らかにしたい派．

稲 葉 通 将 （いなば・みちまさ）

愛知県生まれ．2008 年名古屋大学工学部卒業．
2010 年名古屋大学大学院情報科学研究科博士前期課程修了．
2012 年名古屋大学大学院情報科学研究科博士後期課程修了．
博士（情報科学）．2012 年広島市立大学大学院情報科学研究科・助教．
2019 年，電気通信大学人工知能先端研究センター・准教授．
大学院在学時から，対話システムの研究に従事．
初めて作った対話システムは，Twitter 上の面白いツイートを活用することで応答を行う雑談対話システム．
Twitter で研究成果を用いた雑談対話システム KELDIC（アカウント名 @KELDIC）を公開中．
最近は人狼ゲームをプレイできる対話システムを作成．
趣味はスキューバダイビング，ゲーム，好きな食べ物は味噌煮込みうどん．
お好み焼きは広島風派．

水 上 雅 博 （みずかみ・まさひろ）

石川県生まれ．2010 年石川工業高等専門学校電子情報工学科卒業．
2012 年同志社大学理工学部卒業．
2014 年奈良先端科学技術大学院大学情報科学研究科修士課程修了．
2017 年奈良先端科学技術大学院大学情報科学研究科博士課程修了．
博士（工学）．2017 年日本電信電話株式会社入社．
現在，NTT コミュニケーション科学基礎研究所研究員．
高専在学時に対話システムに興味を持ち，Twitter 上でのみんなの会話から学習する雑談対話システム“よりひめ”（@Yorihime）を構築．
以降，雑談対話システムの研究・開発に従事．
いつかチューリングテストをクリアできる対話システムを作りたいと思っている．
趣味は料理，好きな動物はアザラシ．
つけ麺よりラーメン派．

著者近影　左から東中，水上，稲葉．

- 本書の内容に関する質問は、オーム社ホームページの「サポート」から、「お問合せ」の「書籍に関するお問合せ」をご参照いただくか、または書状にてオーム社編集局宛にお願いします。お受けできる質問は本書で紹介した内容に限らせていただきます。なお、電話での質問にはお答えできませんので、あらかじめご了承ください。
- 万一、落丁・乱丁の場合は、送料当社負担でお取替えいたします。当社販売課宛にお送りください。
- 本書の一部の複写複製を希望される場合は、本書扉裏を参照してください。

Pythonでつくる対話システム

2020年2月25日　第1版第1刷発行
2022年5月10日　第1版第2刷発行

著　者　東中竜一郎・稲葉通将・水上雅博
発行者　村上和夫
発行所　株式会社 オーム社
郵便番号　101-8460
東京都千代田区神田錦町3-1
電話　03(3233)0641(代表)
URL　https://www.ohmsha.co.jp/

印刷・製本　三美印刷
ISBN978-4-274-22479-9　Printed in Japan

本書の感想募集　https://www.ohmsha.co.jp/kansou/

本書をお読みになった感想を上記サイトまでお寄せください。
お寄せいただいた方には、抽選でプレゼントを差し上げます。